MANUEL POPULAIRE

D'AGRICULTURE

PAR

J.-C. AMEN

Instituteur public, Bachelier ès-sciences, pourvu du certificat d'aptitude aux fonctions d'Inspecteur,

Membre de l'Association scientifique de France, de la Société d'Agriculture, Sciences et Arts d'Agen,

Secrétaire du Comice Agricole de Nérac, etc.

Ouvrage couronné (Médaille d'or) par le Comice Agricole de Nérac.

> La meilleure Agriculture est celle qui rapporte le plus. TRAVANET.
>
> Tout prospère dans un État où fleurit l'Agriculture. SULLY.

NÉRAC

IMPRIMERIE TYPOGRAPHIQUE DE L. DUREY.

1870.

A M. le Président

et

A MM. LES MEMBRES DU COMICE AGRICOLE

de Nérac

PRÉFACE.

L'ouvrage que je publie aujourd'hui me paraît répondre à un besoin réel. Le Comice Agricole de Nérac en a jugé ainsi puisqu'il lui a attribué, à l'unanimité, la médaille d'or dans le concours qu'il avait ouvert pour la rédaction d'un Manuel d'Agriculture. On ne transforme pas, en effet, une culture routinière et partant improductive en une culture rationnelle et féconde, sans la connaissance des grands principes agronomiques.

Je n'ai nullement la prétention d'avoir fait une œuvre de haute science; en répondant de mon mieux aux questions posées dans *le programme ministériel pour l'enseignement agricole*, j'ai eu essentiellement en vue nos écoles où se réunissent les enfants de nos campagnes. J'ai voulu faire aimer à la jeunesse la vie rurale, qu'elle est trop portée à abandonner de nos jours, en lui montrant qu'elle assure beaucoup mieux que la plupart des professions industrielles l'indépendance, la tranquillité et le bonheur.

J'espère enfin que les cultivateurs qui liront mon livre se convaincront qu'ils peuvent, par des travaux intelligents et réfléchis, améliorer le sol qu'ils doivent fertiliser de leurs sueurs et par suite en accroître notablement le revenu.

Nérac, le 2 Avril 1870.

C. AMEN.

PRÉFACE.

L'ouvrage que je publie aujourd'hui me paraît répondre à un besoin réel. Le Comice Agricole de Nérac en a jugé ainsi puisqu'il lui a attribué, à l'unanimité, la médaille d'or dans le concours qu'il avait ouvert pour la rédaction d'un Manuel d'Agriculture. On ne transforme pas, en effet, une culture routinière et partant improductive en une culture rationnelle et féconde, sans la connaissance des grands principes agronomiques.

Je n'ai nullement la prétention d'avoir fait une œuvre de haute science; en répondant de mon mieux aux questions posées dans *le programme ministériel pour l'enseignement agricole*, j'ai eu essentiellement en vue nos écoles où se réunissent les enfants de nos campagnes. J'ai voulu faire aimer à la jeunesse la vie rurale, qu'elle est trop portée à abandonner de nos jours, en lui montrant qu'elle assure beaucoup mieux que la plupart des professions industrielles l'indépendance, la tranquillité et le bonheur.

J'espère enfin que les cultivateurs qui liront mon livre se convaincront qu'ils peuvent, par des travaux intelligents et réfléchis, améliorer le sol qu'ils doivent fertiliser de leurs sueurs et par suite en accroître notablement le revenu.

Nérac, le 2 Avril 1870.

C. AMEN.

MANUEL POPULAIRE

D'AGRICULTURE.

INTRODUCTION.

Origine et dignité de l'Agriculture.

1. — L'Agriculture est l'art de cultiver la terre. Elle nous enseigne à faire produire au sol, avec abondance, et aux moindres frais possibles, toutes les plantes utiles à l'homme et aux animaux.

2. — « Pauvres et riches nous vivons tous de la terre » (I). Mais ce n'est que par le travail de l'homme qu'elle se couvre de fruits variés et d'abondantes moissons. Sans ce travail nous ne verrions bientôt plus à sa surface que des plantes sauvages qui étoufferaient les espèces plus délicates. La Géographie nous montre que partout où la culture du sol est négligée règnent la gêne et la misère (II).

3. — L'Agriculture est donc de toutes les professions *la plus nécessaire*, *la plus utile*, *la plus honorable*, et

(I) J. Bujault.

(II) De la prospérité ou du déclin de l'Agriculture date la puissance ou la décadence des empires. *Napoléon.*

souvent même, quand elle est bien comprise, *la plus avantageuse* (1).

4. — Du reste elle remonte aux premiers âges de l'humanité. La Bible nous raconte que Dieu avait placé Adam dans le jardin d'Eden pour le « garder et le cultiver. » Aussitôt que les sociétés commencèrent à se développer, les hommes sentirent la nécessité de demander au sol la plus grande partie de leur nourriture, et dès l'antiquité la plus reculée, la terre était appelée « la mère nourricière. » Les premiers peuples civilisés ont été précisément des peuples agriculteurs. Dans les vallées du Nil, de l'Euphrate et du Gange, comme dans les plaines de la Chine, l'Agriculture paraît avoir été le premier degré du progrès social. En Grèce on entourait d'honneurs la mémoire de ceux qui avaient doté leur patrie de quelque culture nouvelle ou de quelque instrument jusque là inconnu, et on les considérait comme les bienfaiteurs de l'hu-

(1) Après avoir constaté que la tendance des populations agricoles est de rechercher pour leurs enfants une profession soi-disant plus relevée, un écrivain moderne s'écrie avec autant de bon sens que de prudence : « Bon laboureur, tu te prépares bien du chagrin ! Hélas ! cet enfant qui, par ta volonté, a perdu le souvenir de ses ruisseaux, de sa colline et de sa chaumière, sera peut-être un jour assez malheureux pour oublier aussi ses parents ! Fortunés habitants des campagnes, craignez de vous égarer au sein des villes. Restez, restez sous votre toit rustique. Efforcez-vous par un travail assidu, par d'ingénieux procédés d'augmenter le produit de vos terres et d'acclimater l'aisance dans votre retraite si douce. Demeurez loin du bruit et du vice ; laissez les rêves et les illusions de la vie à ceux qui n'ont plus que cette seule ressource ici-bas et contentez-vous d'embellir le petit coin de terre que la bonté de Dieu vous a donné. »

manité. C'est à l'Agriculture que ces empires de l'antique Orient et les républiques de la Grèce durent leur prospérité. Nous avons hérité de leur expérience et l'on peut dire que nous n'avons guère fait que perfectionner leurs procédés.

5. — La suite des âges nous montre la valeur de l'Agriculture dans la grandeur de Rome qui lui dut pendant des siècles ses vertus et ses succès. Le moyen-âge qui la négligea fut une époque de misère, et dans les temps modernes les plus grands esprits se sont accordés à la recommander et à la protéger. Le ministre Sully disait que *« le labourage et le pâturage sont les deux mamelles de la France, ses vraies mines et trésors du Pérou. »*

6. — Il est donc naturel que les peuples contemporains attachent le plus grand prix à l'Agriculture qu'ils considèrent, à juste titre, comme *le premier et le plus essentiel de tous les arts* et que les gouvernements lui accordent les plus sérieux encouragements.

7. — Mais la profession agricole suppose comme toutes les autres un apprentissage. Il y a une science de l'Agriculture comme il y a une science de l'Industrie, des Lettres et des Arts. Connaître la composition des terres, la nature des engrais, l'action des labours et du drainage, la valeur des assolements pour profiter des observations et des essais d'autrui est chose indispensable à qui ne veut pas rester dans l'ornière de la routine. De là la nécessité d'un cours d'Agriculture.

Questionnaire. — *1. Qu'est-ce que l'Agriculture? Quel est son but? — 2. Qu'arriverait il si la terre n'était* *pas cultivée? — 3. Que pensez-vous alors de la profession agricole? — 4. Quelle est l'origine de l'Agriculture? Quel nom donnait-on à la terre dès l'antiquité la plus reculée? Quels sont les peuples qui les premiers se sont livrés à l'Agriculture? Citez des exemples. — 5. L'Agriculture fut-elle toujours en honneur à Rome? Que se passa-t-il au moyen-âge? Citez les paroles de Sully. — 6. Les gouvernements actuels encouragent-ils l'Agriculture? 7. Est-il nécessaire d'étudier l'Agriculture par principes? Pourquoi?*

PREMIÈRE PARTIE

CHAPITRE Ier.

Du Sol.

Ire Leçon.

De la terre végétale.

1. — La terre fournit aux plantes leur principale nourriture et donne un point d'appui à leurs racines. On l'appelle *sol*, *terre végétale*, et *terre arable* ou *labourable*.

2. — La terre végétale est un mélange de matières minérales, comme le sable, l'argile, la chaux, etc., et de débris provenant des animaux et des végétaux, comme la chair, le sang, les os, les racines des plantes, les feuilles des arbres, etc. (I).

3. — Les débris des animaux et des végétaux forment après leur décomposition l'humus ou terreau, matière noirâtre qui est le principal aliment des plantes.

4. — Non seulement l'humus nourrit directement les végétaux, mais encore il attire et retient dans le sol les principes nutritifs que contient l'atmosphère (II)

(I) Les caractères qui différencient les trois règnes de la nature sont indiqués dans la phrase suivante traduite du latin : « Les minéraux croissent, les végétaux croissent et vivent, et les animaux croissent, vivent et sentent.

(II) L'humus retient l'ammoniaque, provoque un dégagement d'acide carbonique, dont une partie est absorbée et ameublit la terre, c'est-à-dire la rend plus facile à traverser par l'air et par l'eau. Une terre est donc d'autant plus fertile qu'elle contient plus d'humus, et l'un des principaux soins du cultivateur doit être de remplacer par les engrais celui qui a servi à l'alimentation végétale, ou d'enrichir une terre qui en a trop peu.

5. — Dès qu'un sol contient de 7 à 10 0/0 d'humus, il est des plus fertiles et prend le nom de terre de jardin. Tels sont les terrains de la plaine de la Garonne et de la plupart de nos vallées. Les terrains de nos coteaux, au contraire, en renferment à peine de 3 à 5 0/0.

Questionnaire. — *1. Quel est le rôle de la terre en agriculture? Quels noms lui donne-t-on? — 2. De quoi se compose la terre végétale? — 3. Qu'est-ce que l'humus? — 4. Comment agit-il dans le sol? De quoi dépend la fertilité d'une terre? — 5. Quelle est la quantité d'humus que renferment nos terrains ordinaires? Est-ce assez? Qu'entend-on par terre de jardin?*

2me Leçon.

Classification des Terrains.

1. — Les principales matières minérales que l'on

---

par les racines, tandis que l'autre occasionne la dissolution du carbonate et du phosphate de chaux nécessaires à la végétation.

trouve dans la terre arable sont : le sable, l'argile et la chaux (I).

2. — On donne au sol le nom du principe dominant : ainsi on dit qu'un terrain est siliceux, argileux ou calcaire, suivant que le sable, l'argile ou la chaux en constitue le principal élément.

3. — Quand une terre est composée de plusieurs éléments, on la désigne par les noms des principes les plus abondants. Ainsi on dit qu'un terrain est *argilo-siliceux* quand il est formé en majeure partie d'argile et de sable. De même un sol *argilo-calcaire* est un mélange où dominent l'argile et la chaux.

4. — Les terrains sablonneux contiennent de 60 à 70 0/0 de sable. Ils n'ont pas assez de consistance, laissent trop facilement écouler l'eau et conservent peu l'humus et les engrais ; de plus le sable s'échauffe et se refroidit si facilement qu'il rend les effets de la chaleur et de la gelée très-sensibles aux plantes.

On peut améliorer ces terrains par des labours profonds et beaucoup de fumiers des bêtes à cornes ou par des irrigations qui maintiennent la fraicheur (II).

(I) On y trouve encore, mais en petite quantité, du fer, de la potasse, de la soude, des phosphates, des carbonates etc. Du reste, l'argile elle-même se compose d'alumine et de silice dans des proportions variables. Quant à la chaux, on ne la trouve pas dans le sol à l'état libre ; elle se combine avec l'acide carbonique et l'acide phosphorique pour former des carbonates et des phosphates de chaux.

(II). Les landes de l'arrondissement de Nérac sont formées de sable presque pur; aussi, le pin maritime, le genêt, l'ajonc sont les seuls végétaux qui puissent prospérer dans ces terrains. On trouve aussi dans les landes les *alios*, sorte de poudingue siliceux ferrugineux complétement imperméable, et *la terre de bruyère* formée de sable et d'humus

5. — Les terres argileuses (I) absorbent et retiennent une grande quantité d'eau, ce qui les rend très-humides au printemps ; mais en temps de sécheresse, elles durcissent, se fendent et deviennent très-difficiles à rompre (II). L'agriculteur doit donc choisir un moment favorable pour les travailler.

On les améliore par le drainage qui facilite l'écoulement des eaux, par des labours profonds et des fumiers chauds et pailleux.

Ces terrains donnent de bonnes récoltes en blé et en fourrages.

6. — Les terrains calcaires doivent contenir de 30 à 35 0/0 de chaux. Ils absorbent aisément l'humidité ; mais ils la perdent aussi avec la plus grande facilité. Ils se fendillent comme les argiles en temps de sécheresse et sont sujets à brûler les plantes.

On les améliore par des labours profonds et le fumier des bêtes à cornes.

Ces terrains conviennent à la luzerne, au sainfoin, et en particulier à la vigne qui donne dans notre pays de très-bons revenus.

7. — Les terrains argilo-siliceux connus dans le

---

provenant de la décomposition des feuilles de pin et de bruyère. Cette terre s'emploie dans les jardins pour la culture des fleurs.

(I). Tant que la proportion d'argile ne dépasse pas 60 pour 100, ces terres se prêtent à un grand nombre de cultures ; de 60 à 85 elles deviennent froides, tenaces, compactes, difficiles à travailler ; au-dessus de 85 elles sont impropres à toute culture.

(II). On trouve dans le Haut-Agenais des argiles tenaces fortement colorées par l'oxyde de fer et connus dans le pays sous le nom de *terres rouges*.

midi sous le nom de *boulbènes ou boubées* (I) sont tenaces et d'un travail difficile. La sécheresse les durcit promptement et la gelée ne les réduit pas en poussière. Il faut éviter avec soin de les travailler quand ils sont humides.

On les améliore par des labours profonds, le drainage, la culture des fourrages artificiels et l'abondance des fumiers.

8. — Les terrains *argilo-calcaires* (II), les plus répandus dans le département, contiennent de 40 à 45 0/0 d'argile et de 25 à 30 0/0 de calcaire. Ils produisent les froments les mieux nourris et qui pèsent le plus (III).

9. — On dit encore qu'une terre est *forte* quand l'argile en est le principal élément, *légère* quand elle est en grande partie composée de sable, *chaude* si elle absorbe les rayons solaires et retient peu l'humidité, *froide* quand elle est humide et qu'elle s'échauffe lentement.

10. — La meilleure terre pour l'Agriculture est la terre *franche* ou *normale*, composée d'un mélange d'argile, de chaux, de sable et d'humus.

11. — Les terrains d'alluvion ou dépôts formés par

(I). Dans l'arrondissement de Nérac on trouve ces terrains sur la rive gauche de la Baïse et en particulier sur les bords de Losse.

(II) Tous les coteaux qui avoisinent Nérac appartiennent aux terrains argilo-calcaires.

(III) L'instituteur doit avoir cinq échantillons de terrains : terrain argileux, siliceux, calcaire, argilo-siliceux, et argilo-calcaire. (Ces deux derniers sont les terrains dominants). Il doit faire ressortir aux yeux des élèves les caractères physiques les plus saillants de ces divers terrains.

les eaux sont les véritables terres franches. Leur grande fertilité les rend propres à toutes les cultures.

12. — On trouve au contraire quelques terrains qui sont naturellement stériles. Nous pouvons citer dans ce nombre les terrains formés d'une seule substance, calcaire, argile ou sable.

Questionnaire. — *1. Quelles sont les principales matières minérales que l'on rencontre dans le sol? — 2. Qu'entendez-vous par terrain siliceux ou sablonneux, argileux, calcaire? — 3. Argilo-siliceux? argilo-calcaire? — 4. Quels sont les caractères des terrains sablonneux? Comment peut-on les améliorer? Trouve-t-on des terrains composés de sable presque pur? Qu'est-ce qu'une terre de bruyère? — 5. Quels sont les caractères des terres argileuses? Comment peut-on les améliorer? A quelles cultures conviennent-elles? — 6. Quels sont les caractères des terrains calcaires? Comment les améliore-t-on? A quelles cultures conviennent-ils? — 7. Qu'entendez-vous par terrain argilo-siliceux? Quel nom leur donne-t-on dans le midi? Comment les améliore-t-on? — 8. Qu'entendez-vous par terrain argilo-calcaire? A quelle culture ce terrain convient-il? — 9. Quand dit-on qu'une terre est forte? légère? chaude? froide? — 10. Quelle est la meilleure terre pour l'Agriculture? — 11. Qu'entendez-vous par terrain d'alluvion? — 12. Y a-t-il des sols naturellement stériles?*

3me Leçon.

Analyse des Terres (1).

1. — La richesse des terrains dépendant de leur composition il est important pour un agriculteur de

---

(1) L'analyse rigoureuse des terres végétales exige la connaissance et l'habitude de la chimie ; mais le procédé que nous indiquons donne une exactitude suffisante.

connaître la nature de ceux qu'il cultive. Il sait par ce moyen ce qui manque à sa terre et ce qu'il convient de lui donner pour modifier sa mauvaise constitution.

2. — Pour déterminer la dose d'humus que renferme une terre, on prend à 10 centimètres au-dessous du sol un peu de cette terre qu'on fait bien sécher pour la débarrasser de l'eau qu'elle contient. On la pèse alors et on la met sur une pelle que l'on tient sur le feu jusqu'à ce que la pelle et la terre soient rouges. L'humus a disparu, converti en acide carbonique (I). On pèse de nouveau et la différence entre le poids primitif et le nouveau poids représente l'humus (II).

3 — Pour savoir si le sol d'un champ contient du calcaire, on prend une poignée de la terre de ce champ; on la pulvérise, on la crible et on la fait sécher; puis on jette dessus du vinaigre très-fort (III). Si l'on observe une vive effervescence, c'est que la terre essayée contient beaucoup de calcaire; si cette effervescence est presque nulle ou ne se produit pas du tout, on doit en conclure que ce sol contient peu ou point de calcaire.

4. — Pour déterminer la quantité d'argile et de sable que renferme un terrain, on prend quelques grammes de la terre qui a servi dans les expériences

---

(I) L'humus se change en charbon et se calcine en exhalant une odeur de corne ou de plume, de bois ou de paille brûlée. L'odeur de plume brûlée indique un humus riche en produits animaux; celle de paille, un humus formé par des débris végétaux.

(II) Si sur 80 grammes, par exemple, la perte éprouvée est de 4 grammes, le terrain essayé contient 4 pour 80 ou 5 0/0 d'humus.

(III) Ou tout autre acide (acide sulfurique, azotique, etc.)

précédentes, c'est-à-dire privée d'humus et de calcaire; on la fait bouillir dans un litre d'eau jusqu'à ce qu'elle soit bien ramollie et mélangée avec le liquide. On agite cette bouillie et on laisse reposer. Le sable se précipite au fond du vase, tandis que l'argile qui est plus légère flotte encore. On transvase et on obtient d'un côté le sable et de l'autre la partie argileuse. On fait sécher et on pèse séparément.

5. — Il existe encore deux autres moyens de se renseigner avec probabilité sur la nature du sol. Le plus simple, celui qu'emploient les cultivateurs est tiré de l'aspect même du terrain, de sa couleur, de la manière dont il se comporte au toucher. Le second consiste dans l'examen des mauvaises herbes auxquelles il donne naissance (1).

Questionnaire. — *1. Est-il nécessaire de connaître la nature des terrains que l'on cultive? — 2. Comment détermine-t-on la quantité d'humus que renferme une terre? — 3. Comment sait-on si le sol d'un champ contient du calcaire ou en est privé? — 4. Comment détermine-t-on la quantité de sable et d'argile? — 5. N'existe-t-il pas d'autres moyens de se renseigner sur la nature d'un sol? Indiquez-les. Faites connaître les plantes qui croissent spontanément dans les terrains siliceux, calcaires, argileux.*

---

(1) Ainsi la petite oseille, le genet, la bruyère, le plantain, l'ajonc marin, le caille-lait jaune, etc. croissent spontanément dans les terrains siliceux; l'arrête-bœuf, les chardons, la sauge des prés, la lupuline, etc., dans les calcaires; et l'ajonc marin, les prêles ou queues de cheval, la saponaire, la chicorée sauvage, l'agrostis traçante, etc. dans les argiles. Mais on ne doit avoir recours à ce moyen que pour différencier les terrains de la même région agricole.

4me LEÇON.

Profondeur du sol. — Position. — Exposition. Abris.

1. — Il ne suffit pas d'étudier la nature d'un terrain pour en connaître la fertilité ; il faut encore tenir compte du climat de la région, de la profondeur, de la position et de l'exposition de cette terre.

2. — Un sol profond souffre moins des pluies excessives, conserve l'humidité en temps de sécheresse et présente plus d'espace aux racines des plantes. Rien n'est plus favorable à la culture que la profondeur de la couche végétale.

3. — La nature du climat exerce sur la fertilité d'un sol une influence souvent considérable. Tous les cultivateurs savent que la chaleur de la terre active la croissance des plantes, particulièrement quand elles sont jeunes. Ainsi dans le midi nous préférons les argiles aux sables, parce que la chaleur favorise ces terrains.

4. — Le climat du département est tempéré, plutôt chaud que froid, mais variable et très-humide en hiver. En été, au contraire, les longues alternatives de pluies et de sécheresses arrêtent la végétation et compromettent le succès des cultures fourragères (1).

5. — L'exposition agit sur le sol par le plus ou le

---

(1) La température moyenne est de 6° 20 pour l'hiver; 13° 87 pour le printemps; 22° 42 pour l'été et 12° 38 pour l'automne. Les vents dominants sont : le vent d'est pendant le printemps, et ceux de l'ouest, du nord-ouest et du sud-sud-ouest durant l'été et l'hiver.

moins de chaleur, de pluies ou de vents qu'elle lui apporte. Un terrain exposé au nord reçoit moins de chaleur et souffre plus du vent qu'un autre tourné vers le midi. Un agriculteur intelligent doit donc distribuer les cultures suivant l'exposition des champs. La vigne, par exemple, et la plupart des arbres fruitiers demandent une exposition méridionale; quelques plantes, au contraire, redoutent la chaleur et préfèrent l'exposition du nord.

6. — Du reste, le cultivateur peut corriger par des abris artificiels les défauts propres à chaque exposition. Parmi ces abris nous ne citerons ici que les murs et les haies vives ou sèches destinées à protéger contre certains vents et contre la gelée les cultures hâtives.

7. — Pour ce qui est de la position des terrains, la meilleure est celle qui facilite l'écoulement des eaux sans leur permettre d'entraîner l'humus. Quand les terres sont trop en pente, on remédie aux ravages des eaux par les plantations d'arbres dont les racines retiennent le sol, ou par des murs formant escalier; dans les terrains humides, on fait écouler les eaux par la disposition des sillons et mieux encore par le drainage.

Questionnaire. — *1. Suffit-il d'étudier la nature d'un terrain pour en connaître la fertilité? — 2. Quels sont les avantages d'un sol profond? — 3. Quelle est l'influence du climat? — 4. Quel est le climat du département? — 5. Comment l'exposition d'un terrain agit-elle sur le sol? — 6. Comment peut-on corriger les défauts d'une mauvaise exposition? — 7. Quelle est la meilleure position pour les terres labourables? Que faut-il faire pour remédier aux inconvénients des fortes pentes? des terrains plats et humides?*

CHAPITRE II.

5me LEÇON.

Du sous-sol.

1. — On donne le nom de soul-sol à la couche de terrain qui se trouve immédiatement au-dessous du sol.

2. — Les sous-sols se divisent comme les terres supérieures en argileux, siliceux et calcaires.

3. — Ils laissent facilement écouler l'eau ou ils la retiennent. Dans le premier cas on dit qu'ils sont *perméables*, et dans le second *imperméables*.

4. — Le soul-sol peut, dans certains cas, corriger les défauts du sol. Ainsi un sous-sol imperméable ou argileux est d'une utilité réelle sous un sol sablonneux, car il conserve l'humidité que le sable ne pouvait retenir; d'ailleurs, si on le mêle avec le sol, il lui donne la consistance qui lui manquait.

5. — Un sous-sol perméable ou sablonneux convient au contraire aux terres argileuses, puisqu'il laisse passer les eaux surabondantes qui nuiraient à la végétation; de plus, en se mêlant à l'argile du sol, il en diminue la ténacité.

6. — Enfin, avec un sous-sol calcaire, on peut améliorer ou amender le sol argileux ou argilo-siliceux, c'est-à-dire ceux qui ne contiennent pas une quantité suffisante de chaux.

7. — Dans le Lot-et-Garonne le sous-sol est le plus souvent de même nature minérale que le sol, on peut

alors augmenter par des défoncements successifs la profondeur de la couche arable.

Questionnaire. — *1. Qu'est-ce que le sous-sol? — 2. Comment classe-t-on les sous-sols? — 3. Qu'est-ce qu'un sous-sol perméable? imperméable? — 4. Quel est le sous-sol qui convient aux terrains sablonneux? Pourquoi? — 5. Celui qui convient aux terres argileuses? — 6. siliceuses ou argilo-siliceuses? — 7. Que doit-on faire quand le sous-sol est de même nature que le sol?*

DEUXIÈME PARTIE.

Moyens de fertiliser la terre.

CHAPITRE III.

Amendements.

6me LEÇON.

Chaulage.

1. — Améliorer un terrain, c'est en augmenter la valeur et la fertilité. On obtient cette amélioration par l'emploi des amendements et des engrais, les labours, le drainage, les transports de terre, les défoncements, la destruction des mauvaises herbes, etc.

2. — Amender une terre (1), c'est modifier sa constitution, c'est-à-dire y ajouter, pour la rendre plus fertile, des substances qui lui font défaut. Ainsi le sable introduit dans une terre argileuse l'amende ou corrige les défauts qu'elle a d'être trop compacte et la rend plus légère, plus perméable. De même l'argile accroît la ténacité des terres légères.

(1) Avant d'amender un terrain, il faut calculer la dépense et s'assurer si l'augmentation du produit compensera le travail et donnera un bénéfice. C'est une circonstance heureuse quand le sous-sol peut être utilisé pour amender le sol.

3. — Les principaux amendements sont la chaux et la marne.

4. — La chaux convient en général aux terrains privés de calcaire et à ceux qui n'en contiennent pas assez. C'est l'amendement par excellence des boulbènes et des argiles, mais elle est sans action sur les terrains marécageux.

5. — La chaux détruit les mauvaises herbes et les convertit promptement en humus, elle attire dans le sol l'acide carbonique de l'air, conserve l'ammoniaque provenant des fumiers et concourt à l'alimentation des plantes.

6. — La chaux exerce une action très-favorable sur les trèfles, la luzerne, le sainfoin, les céréales et en particulier sur le froment dont elle rend le grain plus beau, la farine plus blanche et la paille plus nutritive.

7. — Mais par l'excitation qu'elle imprime aux principes fertilisants du sol, elle tend à l'épuiser; aussi doit-on proportionner la dose d'engrais à la quantité de chaux employée. C'est parce qu'on n'a pas toujours suffisamment tenu compte de cette nécessité qu'on a pu dire avec raison que « *le chaulage enrichit le père et ruine les enfants.* »

8. — Le chaulage doit s'effectuer à la fin de l'été par un temps sec à raison de 25 à 40 hectolitres par hectare, suivant la nature du terrain. On dépose la chaux par petits tas sur le sol même que l'on veut amender, et quand elle est éteinte, on la répand aussi uniformément que possible et on l'enfouit par un léger labour.

Questionnaire. — *1. Qu'est-ce qu'améliorer une*

terre ? — 2. Qu'entendez-vous par ces mots : amender un sol ? Que doit-on faire avant d'amender un terrain ? — 3. Quels sont les principaux amendements ? — 4. A quels terrains convient la chaux ? — 5. Quelle est l'action de la chaux ? — 6. Citez quelques plantes dont la chaux favorise la croissance. — 7. La chaux dispense-t-elle de fumier ? — 8. En quelle qualité doit-on l'employer ?

7me Leçon.

Marne, Plâtre, Cendres, Suie, etc.

1. — La marne est une combinaison de chaux et d'argile et quelquefois de chaux et de sable. On trouve donc des marnes calcaires, des marnes argileuses et des marnes siliceuses.

2. — Il suit de là qu'avant de marner un terrain il faut non seulement se préoccuper de sa nature, mais aussi de celle de la marne qu'on se propose d'employer. La marne calcaire convient aux terres argileuses et aux boulbènes ; la marne argileuse doit être répandue sur les terres siliceuses, et la marne siliceuse sur les terrains calcaires et mieux encore sur les terrains argileux et compactes (1).

3. — La marne ameublit les terres trop tenaces, réchauffe celles qui sont froides et fait disparaître les

---

(1) Lorsqu'on procède au marnage, il faut proportionner la dose de marne à la nature du terrain ; en général plus elle est calcaire, moins il en faut, et plus le sol est sablonneux, plus il a besoin de marne argileuse.

Un marnage opéré à raison de 100 charrois de 700 à 800 kilog. par hectare dure 30 ans et coûte environ 300 fr. On trouve des marnes schisteuses dans le canton de Villeréal et des marnes siliceuses dans le canton de Mézin.

mauvaises herbes.

4. — Mais elle ne saurait, pas plus que la chaux, remplacer l'humus et les matières organiques qu'il fournit aux plantes ; il faut donc fumer le sol qui a été marné si l'on ne veut pas l'épuiser et finir par le rendre infertile.

5. — Le plâtre (1) produit sur la luzerne, le sainfoin, les trèfles, les vesces, les pois, les choux etc., des résultats admirables; mais il est à peu près sans action sur les prairies naturelles.

6. — C'est en février ou mars, suivant la précocité de la végétation et l'état de l'atmosphère, par un temps humide ou pluvieux, qu'on doit le répandre à raison de 2 hectolitres par hectare sur les fourrages artificiels. Par un temps sec et froid, ses effets seraient à peine sensibles.

7. — Les cendres ameublissent les sols argileux et donnent de la consistance aux terrains légers. Les sels de potasse et de soude qu'elles renferment sont indispensables à l'organisme des plantes et favorisent la production du grain, plus encore que celle de la paille.

8. — Les vignes se trouvent bien de leur emploi. Elles font disparaître des prés les mousses, les joncs et les fourrages aigres que l'humidité y entretient.

---

(1) Quelques auteurs n'attribuent au plâtre qu'une action purement chimique et lui donnent le nom de stimulant. Cette opinion nous paraît erronée. Nous pensons avec Malagutti que le plâtre agit à la manière de la chaux. Sous l'influence de l'humidité et des matières organiques qu'il trouve à la surface du sol, il se réduit en carbonate de chaux : ce carbonate est ensuite dissous par l'acide carbonique et absorbé par les spongioles.

9. — Les cendres lessivées portent le nom de charrée. Quoique moins active que les cendres, la charrée produit sur les prairies naturelles d'excellents effets. On a donc grand tort d'en négliger l'emploi.

10. — Les os broyés jouent dans la végétation le même rôle que les cendres; comme elles, ils n'épuisent pas le sol et sont sans action sur les terrains humides.

11. — La suie répandue en temps pluvieux et à petite dose sur les jeunes plantes en excite la croissance; elle détruit la mousse et un grand nombre d'insectes nuisibles.

12. — Les platras et les décombres conviennent particulièrement aux vignes, aux choux, aux prairies naturelles et à un grand nombre de plantes de nos jardins.

13. — Les boues de ville forment un très-bon engrais dont l'horticulture sait tirer parti et qui convient également à toutes les récoltes. Répandu en janvier ou février sur les prairies naturelles, il en augmente le rendement pendant plusieurs années.

14. — On doit encore utiliser les vases des cours d'eau et les curures des fossés; mais il faut les exposer à l'action du soleil et de l'air et autant que possible en faire du terreau, en y mêlant du fumier; on obtient ainsi un engrais très-énergique.

15. — Enfin nous ne saurions trop recommander les transports de terre dont on apprécie aujourd'hui les salutaires effets. Les terres entrainées par la charrue vers l'extrémité des pièces sont généralement les plus riches en humus; en les rapportant vers le centre, on ne fait que restituer au sol ce qu'il avait perdu.

Du reste, les plus mauvais terrains s'améliorent par le déplacement et leur contact avec les agents atmosphériques.

Questionnaire : — *1. Qu'est-ce que la marne? Combien d'espèces en distingue-t-on ? — 2. Que doit-on faire avant de marner un terrain ? A quels terrains convient la marne calcaire? siliceuse? argileuse? — 3. Quel est l'effet de la marne ? — 4. Peut-elle remplacer le fumier ? — 5. Qu'est-ce que le plâtre ? A quelles plantes convient-il ? — 6. A quelle époque faut-il plâtrer ? — 7. Quelle est l'utilité des cendres ? — 8. Quel est leur effet sur les prairies ? — 9. Qu'entendez-vous par charrée ? — 10. Quel est l'action des os broyés sur la végétation ? — 11. De la suie ? — 12. Parlez-nous des platras et des décombres. — 13. Quelle est l'utilité des boues de ville ? — 14. Des vases des cours d'eau et des curures des fossés ? — 15. Quelle est l'utilité des transports de terre ?*

CHAPITRE IV.

Engrais.

8me Leçon.

Engrais animaux. Engrais végétaux.

1. — Les engrais sont des substances qui rendent à la terre les principes fertilisants que les récoltes lui ont enlevés.

2. — On peut les diviser en trois espèces : les engrais animaux, les engrais végétaux et les engrais mixtes ou fumiers.

3. — Les engrais animaux sont les plus puissants,

les plus actifs, mais en général leur effet est moins durable.

4. — Les principaux engrais animaux sont les cadavres des animaux (1), le sang réduit en poudre, les matières fécales, le guano.

5. — Les os calcinés et réduits en poudre forment avec le sang un engrais connu sous le nom de noir animal.

6. — Cet engrais reste sans effet sur les terres fertiles et bien cultivées ; il est plutôt nuisible qu'utile aux terrains récemment chaulés ou marnés, mais il produit de bons résultats sur les sols nouvellement défrichés et de nature argileuse, car il leur donne l'élément calcaire dont ils ont besoin.

7. — Les choux, les navets, le colza, le ray-grass, les betteraves et les pommes de terre poussent rapidement avec le noir animal qui ne convient pas au contraire au trèfle et à la luzerne.

8. — Les chiffons de laine mis en compost et fermentés forment un bon engrais pour la vigne et les pommes de terre. 3 voitures de chiffons valent, dit-on, 100 charrois de fumier.

9. — On désigne sous le nom d'engrais végétaux ceux qui sont composés de plantes ou de débris de plantes.

10. — Cet engrais ne possède pas une grande éner-

(1) On a la fâcheuse habitude dans les campagnes soit de jeter les cadavres des animaux dans les cours d'eau, soit de les laisser exposés à l'action du soleil où ils forment un foyer d'infection. On devrait les utiliser comme engrais. Il suffit de broyer les os et les cornes et d'enfouir le tout, après avoir répandu dessus de la chaux vive.

gie, aussi ne doit-on y avoir recours que pour suppléer à l'insuffisance du fumier.

11. — Dans ce cas, il faut enfouir les plantes au moment de la floraison et choisir de préférence celles qui vivent en grande partie aux dépens de l'air. Dans le midi, on emploie, suivant les localités, le lupin, les fèves, les vesces, ou le sarrazin.

Questionnaire : — 1. *Comment définissez-vous les engrais ? — 2. Comment les classe-t-on ? — 3. Quels sont les plus puissants ? — 4. Quels sont les principaux engrais animaux ? — 5. Quest-ce que le noir animal ? — 6. A quelles terres convient-il ? — 7. Sur quelles terres faut-il le répandre ? — 8. Quel emploi peut-on faire des chiffons de laine ? — 9. Qu'entendez-vous par engrais végétaux ? — 10. Dans quel cas doit-on avoir recours à cet engrais ? — 11. A quelles plantes doit-on donner la préférence et à quel moment faut-il les enfouir?*

9me Leçon.

Gadoue. Poudrette. Urine. Guano. Colombine, etc.

1. — On donne le nom de gadoue aux excréments humains quand ils sont mous et liquides, et celui de poudrette lorsqu'ils sont desséchés et pulvérulents. L'engrais humain agit immédiatement sur les plantes, mais son effet ne dure qu'un an.

2. — Pour avoir de la poudrette on fait sécher au soleil les matières fécales, puis on les bat et on les pulvérise. On a alors une poudre noire qui pèse de 70 à 80 kilog. l'hectolitre.

3. — Il serait infiniment préférable d'employer les matières fécales à l'état liquide ; et d'abord les principes fertilisants disparaissent dans l'air par le dessèchement et on n'a plus qu'un résidu d'engrais (I) ; en outre les commerçants ajoutent à la poudrette des terres noires et des cendres de houille qui en diminuent encore la valeur.

4. — Du reste on peut désinfecter l'engrais humain tout en lui conservant ses principes fertilisants. Il suffit pour cela d'y mêler de la poudre de charbon, du plâtre, de la couperose, ou même à défaut de ces matières, des cendres lessivées ou de la sciure de bois. On obtient ainsi un engrais inodore qu'on peut enlever le jour aussi bien que le fumier ordinaire (II).

5. — Quant à l'urine, c'est la partie la plus riche des engrais ; on doit donc la recueillir ou tout au

---

(I) « Nos Allemands riraient bien, dit Schwerz, s'ils savaient que des gens s'occupent à réduire à la capacité d'une tabatière tout un tombereau d'excréments. » Dans le nord, où l'Agriculture est incontestablement plus avancée que dans le midi, on recherche le produit des vidanges et on l'emploie à l'état liquide. Dans nos contrées on éprouve au contraire une véritable répulsion à manipuler cet engrais. « On s'en débarrasse plutôt qu'on ne le recueille. »

(II) Nous recommandons d'autant plus volontiers ce procédé aux cultivateurs que nous en avons fait l'expérience nous même et que nous avons obtenu de très-bons résultats. 3 ou 4 kilog. de couperose qui coûtent de 35 à 40 centimes suffisent pour désinfecter 1 mètre cube de matières fécales. Du reste, en Flandre, en Alsace, dans le Dauphiné, à Lyon, le produit des vidanges ainsi désinfectées est l'objet d'un grand commerce. Le tombereau (3 1/2 mètres cubes) se vend 10 fr. En Chine on pétrit la poudrette avec de l'argile et cette pâte desséchée à l'air est livrée au commerce sous le nom de *taffo*. D'après les calculs de quelques agronomes nous perdons en France pour plus de 47,000,000 d'engrais.

moins en éviter la déperdition.

Mêlée à trois fois son volume d'eau et répandue au printemps sur les récoltes, elle leur communique une vigueur extraordinaire.

6. — On donne le nom de guano à la fiente (I) de certains oiseaux de mer.

7. — On répand le guano dans la proportion de 6 à 8 quintaux par hectare sur le froment, les prairies naturelles, le trèfle, les betteraves, les pommes de terre, etc. Favorisé par une humidité convenable, cet engrais imprime à la végétation une vigoureuse impulsion. C'est surtout aux terres argileuses et humides qu'il doit être appliqué.

Pour le répandre d'une manière uniforme, on le mêle avec du plâtre, des cendres ou de la terre.

8. — A côté du guano naturel, il faut placer les guanos artificiels que l'on fabrique sur divers points de la France avec les débris des abattoirs (II).

9. — On donne le nom de colombine aux excréments du pigeon et celui de poulaitte à la fiente de poule. Ces deux engrais beaucoup trop négligés dans nos fermes produisent sur les trèfles et les fourrages

---

(I) On trouve ces excréments en couches de 20 à 30 mètres d'épaisseur sur les rochers de la côte et les îles du Pérou, dans quelques îles de l'Océan pacifique et sur les côtes d'Afrique. Le guano du Pérou unit à une forte proportion de matières organiques et ammoniacales, un dosage élevé de phosphate de chaux : aussi est-il généralement le plus estimé. Son prix est de 18 fr. le quintal.

(II) Le guano agenais fabriqué par M. Jaille jouit d'une légitime réputation. Il comprend deux catégories ; le nº 1 se vend 25 fr. les 100 kilog. ; le nº 2 destiné à la vigne et aux arbres fruitiers ne vaut que 10 fr. les 100 kilog.

artificiels en général d'admirables résultats (1).

10. — On donne le nom de composts à un mélange de matières animales, végétales et minérales. Dans la fabrication des composts on utilise les déchets de la cuisine, les balayures de la maison, les mauvaises herbes que l'on dispose en couches séparées par les immondices ramassées dans la rue. Si on a soin de remanier le tas à la bêche et de l'arroser de temps en temps, on obtient un engrais d'une utilité incontestable.

Questionnaire : — *1. Qu'est-ce que l'engrais humain? Quels noms porte-t-il? — 2. Comment fabrique-t-on la poudrette? — 3. Quels sont les inconvénients de cette fabrication? — 4. Ne peut-on pas désinfecter l'engrais humain et lui conserver ses principes fertilisants? — 5. Doit-on recueillir l'urine? Pourquoi cela? — 6. Qu'est-ce que le guano? — 7. A quelles récoltes convient-il? — 8. Qu'entendez-vous par guanos artificiels? — 9. Qu'est-ce qu'on nomme colombine? poulaitte? — 10. Qu'est-ce que le compost? Comment le fabrique-t-on?*

10me Leçon.

Engrais mixtes. (Fumiers.)

1. — Le principal et le plus précieux de tous les engrais est le fumier qui se compose des déjections des animaux, mêlées aux végétaux qui ont servi de litière.

---

(1) Il faut éviter de laisser la colombine des années entières dans les pigeonniers : il se produit dans les tas d'excréments des quantités de vers qui font disparaître les principes fécondants.

2. — Le fumier est le principe de toute culture, la source inépuisable de la prospérité agricole. Un agronome a pu dire avec raison : « Ce n'est pas ce qu'on sème, c'est ce qu'on fume qui réussit. » « Sème moins et fume mieux. » Sans fumier il n'y a pas de bonnes terres ; avec du fumier, il n'y en a pas de mauvaises ; ou bien encore :

« *Petit fumier, petit grenier* »
« *Gros fumier, gros grenier.* »

3. — Tout cultivateur vraiment intelligent doit donc s'efforcer d'augmenter et la quantité et la qualité (1) des fumiers de sa ferme.

4. — Les qualités du fumier varient suivant les animaux qui le produisent, les aliments qu'on leur donne, la nature de la litière, le mode de préparation et les soins donnés à la conservation des engrais obtenus.

5. — Sous le rapport des animaux qui les produisent, les fumiers sont chauds ou froids. Les fumiers chauds sont ceux de cheval, d'âne et de mouton ; les fumiers froids ceux de bœuf et de porc.

6. — Les premiers agissent immédiatement et avec force ; les seconds se décomposent lentement ; leur action est donc durable, mais peu énergique.

7. — Les fumiers chauds doivent surtout être recherchés pour les terres argileuses, compactes et humides, comme les argiles et les boulbènes ; les fumiers

(1) Pour avoir du fumier en quantité et surtout de bonne qualité, il faut donner aux animaux une nourriture abondante et substantielle.

froids conviennent spécialement aux terrains secs, sablonneux, auxquels ils donnent de la fraicheur et de la consistance.

8. — La nourriture des animaux influe sur les qualités du fumier d'une manière très sensible. Plus les aliments sont abondants et substantiels, plus les excréments sont riches en principes fertilisants. Ainsi le bétail entretenu à la paille seulement produit un engrais qui ne vaut guère mieux que de la paille pourrie.

Enfin la litière contribue à la valeur des engrais par sa propre nature. La paille vaut mieux que les genets et ceux-ci doivent être préférés à la bruyère et aux feuilles mortes.

Questionnaire : — *1. Quel est l'engrais le plus important pour l'Agriculture? — 2. Prouvez l'importance du fumier. — 3. Faut-il chercher à augmenter la quantité de fumier? — 4. De quelles conditions dépend la valeur de cet engrais? — 5. 6. 7. Quelle différence faites-vous entre les fumiers chauds et les fumiers froids? A quelles terres conviennent les premiers? Les seconds? — 8. La nourriture des animaux influe-t-elle sur les qualités du fumier? Et la litière?*

11me Leçon.

Préparation, conservation et emploi des fumiers.

1. — S'il est avantageux pour l'Agriculture de produire beaucoup d'engrais, il ne l'est pas moins d'en éviter la déperdition et de lui conserver toutes ses

qualités ; aussi nous ne saurions trop blâmer le mode de traitement auquel il est soumis dans la plupart de nos fermes.

2. — Au sortir de l'étable, il est en effet entassé à des hauteurs plus ou moins grandes et exposé à l'action du soleil et de la pluie. Sous l'influence de la chaleur, il s'échauffe et perd par l'évaporation une grande partie des matières fertilisantes; l'eau de pluie entraîne à son tour les principes nécessaires à la végétation et l'engrais se trouve ainsi réduit au tiers de sa valeur.

3. — Pour conserver au fumier toutes ses propriétés, il faut le mettre sous un hangar, ou tout au moins dans une fosse peu profonde ; dans tous les cas le sol doit être imperméable et présenter une double pente vers les deux extrémités où l'on établit deux puisards ; dans l'un on place une pompe destinée à ramener le purin sur le fumier toutes les fois que le besoin s'en fait sentir ; dans l'autre on réunit les déchets de la ferme, ce qui produit un engrais plus riche que le fumier même.

4. — Ces précautions sont nécessaires, mais elles ne sont pas suffisantes. Il faut encore pour éviter toute déperdition répandre du plâtre en poudre sur les diverses couches du fumier à mesure qu'on le met en tas et l'arroser fréquemment avec le purin, et à défaut de celui-ci avec de l'eau saturée de plâtre (1) « On obtient ainsi un engrais d'une grande énergie ; les parties vé-

(1) Si l'on néglige d'arroser le fumier il se dessèche et le blanc s'y met. On donne ce nom à une fermentation sèche se terminant par l'apparition d'un champignon blanc qui détruit les éléments les plus nutritifs de la matière.

gétales se décomposent, les parties animales se modifient et le fumier ne perd aucune de ses qualités. » (I)

5. — Il est bon de faire plusieurs tas indépendants les uns des autres, afin que le fumier ancien ne soit pas enfoui sous le nouveau.

6. — Du reste toutes les fois que la chose est possible, on doit, pour lui conserver ses principes fertilisants, l'employer au sortir de l'étable.

7. — Dans tous les cas il est important de l'enfouir à mesure qu'on le répand ; le laisser longtemps sur les champs, surtout en temps de sécheresse, c'est rendre inutiles les soins qu'on s'est donné pour le conserver, et comme l'a dit un agronome : « faire manger son bien au soleil. » Il y a encore plus d'inconvénients à le laisser en petits tas sur le sol ; il se dessèche et ne fertilise que les places où il a séjourné.

8. — Il vaut infiniment mieux appliquer la fumure aux récoltes sarclées qu'au blé, afin de nettoyer la terre par le sarclage.

D'ailleurs « le froment pousse moins en feuilles et graine mieux lorsque le fumier a été enfoui l'année précédente. » (II)

9. — Quant à la quantité d'engrais nécessaire par hectare, elle varie selon les terrains, les cultures et les qualités de fumier lui-même. On n'a pas à craindre d'en mettre trop sur les fourrages et les plantes sarclées.

Questionnaire : — *1. 2. Où place-t-on généra-*

(I) De Gasparin.
(II) Jamet.

tement le fumier au sortir de l'étable? Que pensez-vous de ce procédé? Quelle est l'action du soleil sur le fumier? de l'eau? — 3. Que doit-on faire pour obvier à ces inconvénients? — 4. Pourquoi faut-il répandre du plâtre sur les couches du fumier? — 5. Doit-on enfouir l'ancien sous le nouveau? — 6. A quel moment serait-il préférable de l'employer? — 7. Doit-on le répandre sur le champ longtemps avant de l'enfouir? Le laisser en tas? — 8. Faut-il l'appliquer au blé ou aux récoltes sarclées? — 9. Quelle quantité en faut-il par hectare?

CHAPITRE V.

12me LEÇON.

Labours.

1. — Labourer la terre, c'est la couper, la diviser et la retourner afin de mettre les couches inférieures en contact avec l'air.

2. — Les labours ameublissent le sol, favorisent le développement des racines, détruisent les mauvaises herbes et font que la chaleur, l'eau et l'air pénètrent plus facilement à travers la couche arable.

3. — Le meilleur labour est celui qui se rapproche le plus du travail fait à la bêche, c'est-à-dire celui qui divise et retourne le mieux la terre.

4. — Les labours profonds présentent de grands avantages; ils dessèchent les terres mouillées, conservent la fraîcheur dans les terres légères, augmentent l'épaisseur de la couche végétale et facilitent la circulation de l'air.

5. — Toutes les fois que la profondeur des labours dépasse 20 centimètres, on opère un véritable défoncement. Pour cela on ouvre avec la charrue ordinaire un premier sillon de 20 à 22 centimètres de profondeur ; une charrue sans versoir connue sous le nom de *fouilleuse*, soulève la terre du sous-sol sans la rejeter en dehors.

6. — On distingue trois espèces de labours : labour à plat, labour en planches et labour en billons.

Dans le Lot-et-Garonne on laboure en billons ou en planches, rarement à plat.

Chaque procédé a ses avantages et ses inconvénients, mais les agronomes s'accordent à dire que le labours en billons est le plus défectueux ; il nécessite trois façons pour que la terre soit entièrement remuée, et puis le sommet du sillon est privé de l'humidité qui lui est nécessaire, tandis que l'autre moitié souffre de l'excès d'eau qui l'entoure ; enfin il ne permet pas d'employer le semoir et le rouleau pour répandre et enfouir la semence, détruire les mauvaises herbes et diminuer les effets de l'évaporation (I). Malgré ces désavantages la plupart de nos agriculteurs lui donnent la préférence pour la culture des céréales, dont il favorise, assurent-ils, la production. En général ils n'adoptent le labour en planches que pour les terrains destinés à recevoir des fourrages artificiels (II).

7. — Le nombre des labours varie suivant la nature

(I) On construit aujourd'hui des herses articulées pour billons.

(II) L'établissement des fourrages sur planches en facilite le fauchage.

du sol. Du reste ce ne sont pas toujours les labours fréquents qui donnent à la terre cette division nécessaire pour recevoir l'action des engrais, de l'air et des eaux pluviales, mais bien les labours faits en temps opportun. Les terres fortes, et en général celles qui sont destinées à recevoir une récolte au printemps, doivent être labourées une première fois en automne; deux façons suivies d'un hersage au moins suffisent ensuite pour les préparer complètement. Quant aux terrains consacrés aux fourrages artificiels, il est bon de les labourer immédiatement après l'enlèvement du fourrage.

8. — Le plus souvent on dirige les labours dans le sens de la pente du terrain pour faciliter l'écoulement des eaux; mais on doit labourer en travers les coteaux et les terrains à pente rapide pour éviter que les engrais et la terre végétale ne soient entraînés en hiver lors des grandes pluies.

9. — Il est bon, toutes les fois que les dimensions du champ le permettent, de faire le second labour en sens contraire du premier: c'est ce qu'on appelle un labour croisé.

Questionnaire: *1. Qu'est-ce que labourer la terre? — 2. Quelle est l'action des labours sur le sol? — 3. Quel est le meilleur labour? — 4. Les labours doivent-ils être profonds? — 5. Que veut dire le mot défoncement appliqué aux labours? Comment s'opère-t-il? — 6. Combien distingue-t-on d'espèces de labours? Comment laboure-t-on dans le Lot-et-Garonne? Quels inconvénients présente le labour en billons? Quels sont les avantages du labour en planches? — 7. A quelle époque faut-il labourer les terres destinées à recevoir les se-*

mailles du printemps ? — 8. Quelle direction doit-on donner aux labours ? — 9. Qu'appelle-t-on labour croisé ?

CHAPITRE VI.

13me Leçon.

Instruments aratoires.

1. — Les principaux instruments aratoires sont la charrue, la herse, le rouleau, le brise-mottes, la houe à cheval, le semoir, la faucheuse, la moissonneuse, etc.

De la Charrue.

2. — On distingue deux sortes de charrues : les charrues à avant-train et les charrues sans avant-train (I).

3. — La meilleure charrue est celle qui demande le moins de tirage pour la même quantité de travail. « La charrue doit être aussi courte que possible, ainsi que le versoir ; les versoirs allongés ont le grave défaut de frotter trop longtemps contre la bande de terre à retourner, ce qui exige plus d'efforts de la part des attelages. Il faut que le versoir soit contourné de façon à renverser la tranche de terre en la brisant à mesure qu'elle tombe dans la raie ouverte. » (II)

(I) Dans le midi on ne connaît que la charrue sans avant-train ; dans le nord, au contraire, on ne fait usage que de la charrue à avant-train. Cette dernière exige plus de tirage ; mais elle est plus facile à diriger et les labours sont d'une profondeur régulière.

(II) Jamet. — Telle est aussi l'opinion de Dombasle.

4. — Une charrue se compose de huit parties, savoir :

1° L'age ou timon;

2° Le coutre ou couteau qui ouvre le sillon en fendant la terre;

3° Le soc qui coupe et soulève la terre;

4° Le versoir qui la rejette dans la rigole précédemment ouverte;

5° Le sep qui glisse au fond du sillon;

6° Les étançons qui relient l'age au sep;

7° Le régulateur qui règle la profondeur des labours;

8° Le mancheron à l'aide duquel le laboureur dirige et règle le mouvement de la charrue dans le sol.

5. — La charrue fouilleuse dépourvue de coutre et de versoir remue la terre sans la déplacer ; on l'emploie dans les défoncements.

6. — La charrue vigneronne est une charrue ordinaire dont l'age est coudé ; enfin la charrue dite bècheuse que l'on commence à construire, serait dans l'esprit de ses inventeurs destinée à remplacer le travail de la bèche.

Questionnaire : — *1. Nommez les principaux instruments aratoires.— 2. Combien existe-t-il de sortes de charrues ? — 3. Quelle est la meilleure charrue ? — Quels sont les avantages et les inconvénients de la charrue à avant-train ? (voir la note).— 4. Quelles sont les parties dont se compose la charrue ? — 5. Qu'est-ce qu'une fouilleuse ? — 6. Qu'entendez-vous par charrue vigneronne ? par bècheuse ?*

14me LEÇON.

Herse, Rouleau, Houe à cheval, Extirpateur, Scarificateur, Semoir, etc.

1. — La herse complète l'action des labours : elle brise les mottes, arrache les racines déjà soulevées et recouvre le grain semé (I).

2.— On distingue quatre genres de herses : la herse triangulaire, la herse quadrangulaire de Valcourt (II), la herse circulaire dont on fait usage depuis quelques années seulement et la herse dite traînante destinée plus spécialement à enlever les mousses des prairies naturelles.

3. — La meilleure herse est celle dont chaque dent trace sa raie particulière.

4. — On doit herser les terrains argileux après une pluie et lorsque le terrain est égoutté. Au printemps il faut herser les céréales pour briser la croûte supérieure, enlever les mauvaises herbes et faire taller (III) les plantes.

5. — Le rouleau sert à écraser les mottes qui ont résisté à la herse et à tasser la terre pour qu'elle conserve plus de fraîcheur.

On roule aussi au printemps les prairies et les cé-

(I) La herse recouvre six fois plus de semence que la charrue et le tirage n'en est pas plus pénible.

(II) Les herses quadrangulaires sont aujourd'hui articulées et se prêtent ainsi aux inégalités des terrains.

(III) Faire taller, c'est-à-dire exciter les plantes à pousser de nouvelles tiges.

réales, afin d'éviter le déchaussement.

6. — L'extirpateur est une charrue à plusieurs socs sans versoir. Ainsi que son nom l'indique, cet instrument a pour but d'extirper les mauvaises herbes en brisant leurs racines et d'ameublir le sol sans le retourner.

7. — La houe à cheval sert à biner les plantes sarclées, telles que le maïs, les haricots, les betteraves. Elle fait autant de travail que 25 ouvriers.

8. — Le scarificateur s'emploie pour diviser et couper la terre après l'enlèvement des récoltes, et pour recouvrir les semences qui doivent être enfouies profondément.

9. — Le semoir permet de répandre uniformément la graine sur le sol et de faire une notable économie de semence.

10. — On se sert encore de la faucheuse, de la faneuse, du rateau à cheval, de la moissonneuse et de la batteuse dont l'usage tend à se généraliser dans le département.

Questionnaire : — *1. Quelle est l'utilité de la herse ? — 2. Y a-t-il plusieurs genres de herses ? — 3. Quelle est la meilleure ? — 4. A quelle époque convient-il de faire les hersages ? — 5. A quoi sert le rouleau ? — 6. L'extirpateur ? — 7. La houe à cheval ? — 8. Le scarificateur ? — 9. Le semoir ? — 10. La batteuse, la faucheuse, la faneuse, la moissonneuse ?*

15me Leçon.

Assainissement. Drainage.

1. — L'assainissement est un travail fait dans le but

de provoquer et de faciliter l'écoulement des eaux excessives retenues dans les terres.

2. — On atteint ce résultat en creusant des fossés profonds qu'on remplit soit de pierres concassées, soit de menu bois (I), soit d'autres matières offrant un passage facile aux eaux ; mais un assainissement complet et durable ne s'obtient que par le drainage.

3. — Pour drainer (II) un terrain, on creuse des fossés de 50 à 60 centimètres de large et de 1m 10 de profondeur, au fond desquels on place bout-à-bout, reliés par des colliers de 10 centimètres, des tuyaux en terre cuite longs de 33 centimètres environ, de 3 centimètres de dimension intérieure, avec une pente de 1 centimètre par mètre au moins. La pose terminée on rejette la terre dans les fossés.

4. — Les plus petits tuyaux portent le nom de drains, et les plus gros où aboutissent tous les autres s'appellent drains collecteurs.

5. — On fait déboucher les drains principaux dans un cours d'eau ou dans un fossé de décharge quelconque. Les drains secondaires s'embranchent obliquement à droite et à gauche sur les drains collecteurs en suivant la plus grande pente du terrain.

6. — L'espacement des drains dépend de la nature du sol, de ses pentes et de la profondeur des fossés.

(I) Lorsqu'on draine avec du bois, c'est avec du bois vert, des sarments ordinairement. La première écorce du chêne-liège, vulgairement appelée *canon* (dont elle a la forme), est employée avec grand succès et économie.

(II) Drainer vient d'un mot anglais qui signifie dessécher, assainir.

Dans notre département, des fossés de 1 mètre à 1m 10 de profondeur suffisent pour égoutter un espace de 10 à 12 mètres.

7. — Non seulement le drainage assainit complètement les terres humides, mais encore il facilite la circulation de l'air dans le sol qu'il ameublit et fertilise.

8. — Partout où quelques heures après la pluie on aperçoit l'eau qui séjourne à la surface du terrain, partout où le pied des hommes et des animaux laisse après son passage des trous qui se remplissent d'eau, partout enfin où un bâton enfoncé dans le sol forme un trou au fond duquel on aperçoit l'eau, on peut être certain que le drainage produira d'excellents effets.

Questionnaire : — *1. Qu'est-ce que l'assainissement des terres ? — 2. Comment peut-on assainir une terre ? — 3. En quoi consiste le drainage ? — 4. Quel nom donne-t-on à ces tuyaux ? — 5. Quelles dispositions adopte-t-on pour les drains ? — 6. A quelle distance les uns des autres faut-il placer les drains ? — 7. Quels sont les avantages du drainage ? — 8. Quelles sont les terres qu'il faut drainer et à quels signes les reconnaît-on ?*

16me LEÇON.

Défrichements et écobuage.

1. — Défricher (1), c'est mettre en état de culture soit un terrain abandonné et jusqu'alors improductif,

(1) Avant de défricher un terrain, tout cultivateur prudent doit se demander si la dépense que cette opération nécessite sera productive.

soit un bois ou une vieille prairie. » (I)

2. — On se sert dans les défrichements de la pioche ou de la charrue. Le travail fait à la pioche est le plus parfait, mais comme il est généralement très coûteux, on doit employer la charrue toutes les fois que le terrain le permet. (II)

3. — Dans ce cas on donne au sol plusieurs labours successifs dont la profondeur augmente graduellement jusqu'au dernier qu'on fait avec une charrue sans versoir ; ces labours effectués en hiver détruisent les mauvaises herbes qui deviennent en se décomposant un élément de fertilité.

4. — L'écobuage débarrasse, plus sûrement encore que les défrichements, le sol des mauvaises herbes ; il procure en outre des cendres aux plantes cultivées et ameublit la couche arable, en la rendant poreuse et perméable à l'air et à l'eau.

5. — Pour écobuer un terrain on enlève avec la pioche le gazon par tranches de 25 à 30 centimètres carrés que l'on redresse les unes contre les autres pour les faire sécher au soleil. Lorsque ce gazon est sec, on en forme de petits fours qu'on remplit d'herbes sèches, auxquelles on met le feu. On obtient ainsi un mélange de cendres et de terre calcinée qu'on étend sur le sol « avant d'y semer du blé et de le couvrir à la charrue. »

6. — L'expérience a démontré que l'écobuage est

(I) Barrau.

(II) On construit aujourd'hui des machines, mues par la vapeur, appelées défonceuses ou défricheuses, dont on se sert avec succès dans quelques parties de la France.

nuisible sur les terres sablonneuses et maigres, tandis qu'il produit de bons résultats sur les terrains argileux et compactes dont certaines plantes, telles que les bruyères et les ajoncs se sont emparées (1). Dans ces terres même, « son action, bienfaisante la première année, épuise cependant le sol si une fumure copieuse ne la suit de près. »

7.— L'incendie des chaumes pratiqué dans nos contrées est une espèce d'écobuage ; il détruit sans doute les mauvaises herbes, mais nous pensons qu'il vaudrait infiniment mieux consacrer la paille à faire du fumier.

Questionnaire : — *1. En quoi consiste le défrichement d'une terre ? — 2. De quels instruments se sert-on ? — 3. Comment se fait le défrichement à la charrue ? Quelle est l'utilité des mauvaises herbes arrachées par la charrue ? — 4. Qu'est-ce que l'écobuage ? — 5. Comment se pratique-t-il ? — 6. A quels terrains convient-il ? Pourquoi ? (voir la note). — 7. Que pensez-vous de l'incendie des chaumes ?*

---

(1) « Il a été démontré, dit Malagutti, qu'une argile chauffée au rouge sombre acquiert de nouvelles qualités. Au lieu d'être compacte, elle sera poreuse et perméable aux agents extérieurs, ce qui est une condition de succès pour les récoltes. » Il conclut de ce fait qu'une terre aride et légère, peu gazonnée et par conséquent peu riche en plantes, devient par l'écobuage plus légère et plus aride encore, car elle perd par l'incinération une partie des principes azotés.

TROISIÈME PARTIE.

Végétation.

CHAPITRE VII.

17me Leçon.

Aperçu général sur la végétation. — Durée des végétaux. — Modes divers de reproduction.

1. — Une graine déposée dans la terre germe, c'est-à-dire donne naissance à une plante identique à celle qui l'a produite.

2. — Mais pour que la germination s'accomplisse, il faut que la graine soit exposée à l'action de l'air, de la chaleur et de l'humidité. (1)

---

(1) On sait, en effet, que les graines placées à l'abri de l'air et de l'eau se conservent indéfiniment. La vie est suspendue mais non éteinte. On a découvert dans les tombeaux des Pharaons des blés dont le germe a retrouvé la vie dès que l'un de nos printemps est venu verser sur eux son souffle vivifiant. Tout près de nous, à Bergerac, on découvrit, il y a une vingtaine d'années, dans des tombeaux celtiques, quelques pincées de graines, qui furent semées avec un soin tout particulier. Ces graines enfouies depuis 2000 ans n'avaient rien perdu de leur vertu germinatrice et l'on en vit sortir le trèfle, le bluet et l'héliotrope. C'est de là qu'est venu, sans nul doute, l'usage d'enfouir le blé et les pommes de terre dans des cavités profondes nommées *silos*.

3. — Sous l'influence de ces agents, elle se ramollit et gonfle, son germe se développe et la partie charnue dont il est entouré se transforme, se dissout et fournit à la jeune plante les éléments de son accroissement jusqu'au moment où, pourvue de racines et de feuilles, elle peut les puiser dans le sol et dans l'atmosphère.

4. — Lorsque la germination est terminée, le développement du végétal se fait en sens inverse : de haut en bas pour la racine, de bas en haut pour la tige qui s'allonge et se couvre de feuilles. L'ensemble de ces phénomènes porte le nom de *végétation*.

5. — Une plante est donc « un être vivant ayant des organes (I) au moyen desquels il se nourrit, respire, se développe et se reproduit sans pouvoir de lui-même changer de place. » (II)

6. — Sous le rapport de la durée, les plantes sont annuelles, bisannuelles ou vivaces.

7. — Les plantes annuelles naissent et meurent la même année ; telles sont : la carotte, la betterave, le chanvre, le froment et l'avoine de printemps, etc.

8. — Les plantes bisannuelles sont celles qui, dans la première année, ne donnent que des feuilles et dont les fleurs et les fruits ne se développent que l'année suivante; telles sont : l'avoine et le blé d'automne, le trèfle incarnat, le seigle, etc.

9. — Les plantes vivaces ont une durée indéterminée ; ce sont : la luzerne, le sainfoin, le topinam-

(I) Les principaux organes des plantes sont les racines, la tige, les feuilles, les fleurs et les fruits.
(II) M. Greff.

bour, les herbes des prairies naturelles, etc.

10. — Les plantes annuelles sont les plus exigeantes ; elles demandent des terres fertiles et bien cultivées ; elles sont aussi plus sensibles au froid que les autres. Les plantes vivaces sont les plus robustes et les plus rustiques.

11. — En général les plantes se reproduisent par leurs graines ; quelques-unes se multiplient par toutes leurs parties, telles sont : la vigne, le cognassier, etc. (1)

12. — Il faut autant que possible employer pour semence des graines parfaitement mûres, bien nettoyées et aussi belles que possible. Malgré ces précautions les plantes finissent par dégénérer si on ne renouvelle de temps en temps la semence.

Questionnaire : — *1. Que devient une graine déposée dans la terre ? — 2. Indiquez les conditions favorables au développement de la graine. — 3. Quelle est l'influence de l'air, de la chaleur et de l'humidité sur la germination ? — De combien de parties se compose une plante ? Qu'entendez-vous par végétation ? — 5. Qu'est-ce qu'une plante ? Nommez les principaux organes des plantes ? (voir la note). — 6. Comment divise-t-on les plantes ? — 7. 8 et 9. Citez des plantes annuelles ? bisannuelles ? vivaces ? — 10. Y a-t-il pour la culture des différences à établir entre ces trois catégories de plantes? — 11. Comment se reproduisent les plantes ? — 12. Quelles sont les graines que l'on doit choisir pour semence?*

---

(1) Nous reviendrons, au chapitre de l'arboriculture, sur ce mode de reproduction.

18me LEÇON.

Nutrition et respiration des plantes. — Influence de la chaleur et de la lumière sur les végétaux cultivés. — Régions agricoles.

1. — Les plantes puisent leur nourriture dans la terre par leurs racines et dans l'atmosphère par leurs feuilles.

2. — L'air leur fournit du carbone ; dans la terre, elles trouvent, avec l'humus dont nous avons déjà parlé, des matières minérales telles que la chaux, la soude, la potasse, la silice, etc. (I)

3. — Toutes ces matières, (II) dissoutes dans l'eau,

(I) Les plantes renferment encore de la magnésie, quelquefois un peu de fer et de manganèse, rarement de l'alumine. L'instituteur fera bien de se procurer tous ces corps et de les placer sous les yeux de ses élèves.

(II) Il est facile de déterminer la proportion entre les matières organiques et les principes inorganiques qui pénètrent et s'incorporent dans les plantes. Pour cela on fait sécher un certain nombre de ces plantes, puis on les pèse et on les brûle. Le feu fait disparaître toutes les substances d'origine organique, mais il ne détruit pas les matières minérales dont le résidu forme les cendres. Le poids de ces cendres représente le poids des matières minérales, et la différence entre le poids primitif et ce nouveau poids donne celui des substances organiques. En traitant les cendres obtenues d'après le procédé indiqué à la page 14, on peut déterminer la quantité de chaux, de sable, etc. que renferment les plantes.

Les matières minérales jouent un rôle considérable dans la constitution des végétaux. Ainsi la paille de froment contient 66 0/0 de silice 11 de potasse et de soude et 7 de chaux. Quand la silice manque dans un terrain, le blé n'a plus la solidité nécessaire pour soutenir l'épi et la récolte verse. Du reste, la silice, la chaux etc. se retrouvent dans le squelette des animaux.

pénètrent avec elle (I) dans les racines et constituent le fluide nutritif ou sève des végétaux.

4.— « La circulation de la sève se compose de deux mouvements en sens inverse : l'un qui l'élève de l'extrémité des racines vers les feuilles, l'autre qui la ramène des feuilles aux racines. » Arrivée dans les feuilles, la sève ascendante se trouve en contact avec l'air qui la vivifie et la rend propre à nourrir le végétal.

5. — C'est sous l'influence de la lumière solaire que s'opèrent les modifications de la sève dont nous venons de parler; les parties vertes des plantes décomposent l'acide carbonique de l'atmosphère (II), retiennent le carbone et rejettent l'oxygène. Dans l'obscurité c'est le contraire qui a lieu : les végétaux expirent de l'acide carbonique et aspirent de l'oxygène (III). Il

---

(I) C'est à l'état de dissolution que les matières minérales sont absorbées par les spongioles des racines et introduites dans la sève des plantes. La silice elle-même est soluble dans l'eau à l'état de silicate de potasse.

(II) On sait que l'air est un mélange d'oxygène et d'azote, dans la proportion de 21 d'oxygène et de 79 d'azote. On y trouve encore un peu de vapeur d'eau et 1 litre d'acide carbonique sur 2000 litres d'air. On a, au premier abord, de la peine à croire que cette petite quantité d'acide carbonique suffise à la respiration des plantes; mais cet étonnement disparaît lorsqu'on songe à la hauteur de l'atmosphère qui est de soixante kilomètres environ. D'après les calculs de A. de Jussieu, l'air ne renferme pas moins de 1500 billions de kilog. de carbone.

(III) Rapprocher ce phénomène de celui qui se produit chez les animaux : ceux-ci puisent de l'oxygène dans l'air et exhalent de l'acide carbonique ; les plantes s'emparent de ce gaz, le décomposent et s'assimilent le carbone que plus tard elles rendront à l'homme et aux animaux sous forme de nourriture.

Appeler l'attention des enfants sur ces faits admirables

est donc dangereux de laisser des fleurs, pendant la nuit, dans les appartements que l'on habite.

6.—L'air et la lumière sont donc tout aussi indispensables aux plantes qu'à l'homme et aux animaux. Privées de la lumière, elles puiseraient bien encore de l'acide carbonique dans le sol (I) par leurs racines, mais ce gaz ne serait plus décomposé et l'on ne tarderait pas à les voir se décolorer, s'affaiblir, *s'étioler*.

7. — Plus une plante est exposée à l'action de la lumière et plus elle est robuste, vigoureuse ; ses sucs sont d'une odeur très forte, d'une saveur très âcre et quelquefois d'un usage dangereux (II). Les jardiniers corrigent ces défauts en couvrant de terre la portion inférieure de la plante qui doit être employée : c'est ce qu'ils appellent *blanchir*, parce qu'elle perd sa couleur verte et devient en même temps plus tendre.

8. — Les plantes ne vivent et ne se multiplient que là où elles trouvent réunies toutes les conditions propres à leur existence. Ainsi les unes croissent dans les marais, les autres dans les sables ; celles-ci sur le bord de la mer, celles-là sur les rochers des montagnes. L'ensemble des lieux où l'on retrouve les mêmes familles de plantes constitue ce qu'on appelle *une région*

---

qui se produisent tous les jours sous nos yeux par la toute puissante volonté du Créateur.

(I) L'air renfermé dans les couches du sol contient 25 fois plus de carbone que l'air ordinaire. Un hectare de terre convenablement fumée dégage par 24 h. 160 mètres cubes d'acide carbonique.

(II) On peut citer dans ce nombre le céleri, les cardons, les salades, la carotte, les panais etc., dont la saveur serait insupportable s'ils n'étaient soustraits à l'action trop vive de la lumière.

agricole.

9. — Parmi les causes qui concourent à cette distribution des végétaux à la surface de la terre, nous devons citer, après la nature du sol, la chaleur et l'humidité qui se combinent pour former le climat.

10. — La chaleur augmente des pôles à l'équateur; ces différences de température ont une grande influence sur la végétation : d'une excessive richesse et d'une variété remarquable dans la zone torride, encore très variée mais moins luxuriante dans les zones tempérées, elle s'éparpille et s'appauvrit dans les zones glaciales, où elle finit enfin par disparaître entièrement (1).

11. — Sans sortir même de notre pays, le voyageur qui parcourt la France, du midi au nord, observe cette succession de zones ou régions agricoles : au midi, l'olivier, l'oranger, la vigne que l'on retrouve également dans le centre avec le froment, tandis qu'elle disparait complètement dans le nord où elle est remplacée par des plantes plus rustiques.

Questionnaire : — *1. Comment se nourrissent les plantes? — 2. Que trouvent-elles dans l'air? dans la terre? — 3. Comment ces matières pénètrent-elles dans les plantes? Peut-on déterminer le rapport entre les matières végétales et les matières minérales? (Note). — 4. Expliquez la circulation de la sève? — 5. Quel changement s'opère-t-il dans la sève ascendante par son contact avec l'air? Faites connaître la composition de ce gaz (Note). — 6. 7. Quelle est l'influence de la lumière et de la chaleur sur les végétaux cultivés? Qu'est-ce que*

(1) La végétation suivie de la base jusqu'au sommet d'une montagne présente généralement des modifications analogues.

l'étiolement? Comment s'obtient-il dans le jardinage? — 8. Qu'entendez-vous par région agricole? — 9. 10. Quelles sont les causes qui concourent à la distribution des végétaux? Indiquez l'influence de la chaleur. — 11. Retrouve-t-on ces modifications dans notre pays?

Division des plantes agricoles.

CHAPITRE VIII.

19me LEÇON.

Céréales.

1. — Les plantes cultivées se divisent en céréales, fourragères, plantes sarclées et plantes industrielles.

2. — Le blé, le seigle, l'avoine, le maïs etc. forment la classe des céréales.

3. — Les semailles des céréales se font de deux manières : à la volée ou en lignes au moyen du semoir.

4. — Le semoir est peu connu dans notre département et cependant il offre de sérieux avantages : il réalise une notable économie de semence (la moitié d'après les meilleurs agronomes), répand uniformément le grain et facilite le sarclage des blés.

Du blé.

5. — Les maladies du blé sont la carie et le charbon ; elles transforment les grains en une poussière noire et charbonneuse et occasionnent souvent des

pertes considérables (I).

6. — On peut les prévenir par le chaulage de la semence. Voici comment on procède : on répand sur un hectolitre de semence environ 10 litres d'eau saturée de chaux vive et de sel (4 kilog. de chaux et 2 hectog. de sel); on remue le grain et on sème 24 heures après. On peut encore plonger la semence dans un bain où l'on a fait dissoudre la chaux et le sel ; on fait égoutter ensuite dans des paniers, et dès que le grain est sec on peut le semer.

Le plus souvent on fait dissoudre dans l'eau bouillante 125 grammes de sulfate de cuivre (vitriol bleu) et l'on jette cette dissolution dans un cuvier à moitié rempli d'eau ; puis on verse la semence et on la remue pour ramener à la surface les grains légers ou cariés que l'on enlève au moyen d'une passoire ; 12 heures après on fait égoutter et dès que le blé est sec on peut le semer (II).

7. — La rouille, autre maladie du blé, se manifeste par des taches noirâtres que l'on remarque sur la paille ; dès que le froment en est infesté, l'épi ne se développe plus et ne donne que des grains racornis et peu nombreux.

Pour la prévenir il faut assainir et chauler les champs humides, semer les blés clairs et précoces

(I) Après la récolte le blé est attaqué par le charançon et l'alucite qui se logent dans le grain pour en dévorer le contenu.

(II) D'après M. Dombasle on peut encore faire tremper le grain dans une dissolution de sulfate de soude ou sel de Glauber et le saupoudrer ensuite de chaux vive pulvérisée. Ce procédé nous paraît devoir être adopté.

et éviter de les placer sur une fumure immédiate.

8. — On sème le blé du 20 octobre au 10 novembre, à raison de 150 à 180 litres par hectare; un hectolitre serait suffisant si l'on faisait usage du semoir. « Qui sème dru, récolte menu ; qui sème menu récolte dru. »

9. — Après les semailles on doit tracer des sillons dans le sens des pentes pour faciliter l'écoulement des eaux. En mars on pratique le roulage sur les terres légères qui se tassent et provoquent le développement de nouvelles racines. Les terres argileuses au contraire demandent à être hersées ; ce hersage brise la croûte que la pluie avait formée à la surface du sol et favorise le tallage. Il faut enfin sarcler le blé, c'est-à-dire le débarrasser des chardons et autres plantes nuisibles.

10. On doit moissonner avant que la maturité soit complète, lorsque le grain forme une pâte qui cède sous la pression des doigts ; dans cette condition il gagne en couleur et en poids. Quant au blé destiné aux semailles on doit le laisser arriver à une complète maturité (I).

11. — Pour moissonner on emploie la faucille, la faux et la moissonneuse. On doit préférer la faux à la faucille quand l'exploitation ne permet pas d'avoir une moissonneuse (II).

(I) L'expérience confirme pleinement cette opinion émise [illegible] ociété centrale d'agriculture. Bul. 2. 1853.

(I) [illegible]ans l'arrondissement de Nérac, la faucille tend chaque jour à disparaître. Il est des cantons entiers où elle a fait place à la faux.

12. — Le battage ou égrenage se fait avec le rouleau ou la machine à battre. L'égrenage avec la batteuse est le plus parfait et le plus économique. On ne fait déjà plus usage du rouleau dans les grandes exploitation du département.

13. — Ce que nous venons de dire du blé s'applique à l'orge, à l'avoine et au seigle.

Nous ajouterons seulement que le seigle est sujet à une maladie connue sous le nom d'ergot : c'est une excroissance dure, noirâtre qui pousse dans l'épi à la place du grain et qu'il faut faire disparaître avant la mouture, à cause des effets funestes que peut avoir pour la santé son mélange avec la farine. Le chaulage de la semence fait généralement disparaître l'ergot.

Questionnaire : — *1. Comment divise-t-on les plantes cultivées ? — 2. Nommez quelques céréales. — 3. Comment sème-t-on les céréales ? — 4. Quels sont les avantages que présente le semoir ? — 5. Quelles sont les maladies du blé ? — 6. Ne peut-on pas détruire le germe de ces maladies ? — 7. Quest-ce que la rouille ? Comment la prévient-on ? — 8. A quelle époque sème-t-on le blé et combien faut-il en mettre par hectare ?— 9. Quels sont les soins d'entretien que réclame le blé ?— 10. A quel moment doit-on faire la moisson ? — 11. De quels instruments se sert-on pour moissonner ? — 12. Comment s'opère l'égrenage ou le battage ? — Parlez du seigle, de l'avoine, de l'orge.*

CHAPITRE IX.

Plantes fourragères.

20me Leçon.

Fourrages artificiels.

1. — Ainsi que nous l'avons déjà dit, la culture des fourrages artificiels est la base de toute bonne culture. Avec des fourrages, on nourrit beaucoup de bestiaux; avec des bestiaux on a de l'argent et du fumier; avec du fumier on obtient des fourrages et du blé. Un agronome a donc eu raison de dire : « Veux-tu du blé, fais des prés; qui a du foin, a du pain. » (I)

2. — Les plantes fourragères se divisent en deux classes : les plantes fourragères naturelles et les plantes fourragères artificielles.

3. — Un champ ensemencé en plantes fourragères telles que le trèfle, la luzerne, le sainfoin porte le nom de prairie artificielle ; les agronomes recommandent de consacrer aux cultures fourragères la moitié des terres labourables. (II)

Luzerne.

4. — La luzerne est la plus abondante et la meilleure

(I) On a dit encore : un peu de fourrage n'est rien; beaucoup de fourrages, immensément de fourrages, c'est tout.

(II) Il en reste encore assez pour les autres semences. Rappeler aux enfants ce vieil adage paradoxal : plus on sème de froment moins on en récolte.

de toutes les fourragères; ses racines s'enfoncent profondément dans le sol (I), aussi exige-t-elle un terrain profond, perméable et très riche.

5. — Une bonne luzernière dure de 10 à 12 ans : mais le maximum des produits a lieu la deuxième et la troisième année. Les années qui suivent donnent généralement des produits inférieurs.

6. — Il faut la semer seule au printemps avec une abondante fumure à raison de 30 à 35 kilog. par hectare. La luzerne donne de 3 à 5 coupes par an.

7. — Elle est souvent attaquée par la cuscute, plante parasite filamenteuse qui vit à ses dépens et la fait périr. Mais le plus dangereux ennemi de la luzerne est le rhizoctone, espèce de champignon souterrain qui entoure ses racines et les détruit. Quand la luzernière en est trop infestée, il faut la défricher (II).

Trèfles : Trèfle rouge, Trèfle incarnat.

8. — Les deux principales variétés de trèfle sont : le trèfle rouge ou trèfle de Hollande et le trèfle incarnat, vulgairement appelé farrouch.

9. — Le trèfle rouge réussit très bien sur les boulbènes, les terrains argilo-calcaires, partout où il trouve de la fraîcheur. Les cendres et le plâtre lui donnent

---

(I) M. de Gasparin affirme avoir vu des racines de luzerne qui avaient 4 mètres, et I. Pierre rapporte qu'il en existe une au musée de Berne dont la longueur est de 16 mètres.

(II) Le négril ou puceron noir dévore quelquefois la seconde coupe. On doit, dès que son apparition s'est manifestée, faucher immédiatement ou répandre du plâtre, des cendres ou de la suie sur les places attaquées.

une vigueur remarquable (I).

10. — On sème le trèfle rouge au printemps, en mars et avril, sur une céréale, à raison de 20 kilog. par hectare.

11.— Le trèfle incarnat doit être semé en août sur le chaume des blés, après un labour. Quoique moins nourrissant que le trèfle commun, l'incarnat rend de vrais services par sa précocité. On peut en effet le faire consommer à la fin d'avril, c'est-à-dire au moment où tous les fourrages secs sont généralement épuisés.

Questionnaire : — *1. Quelle est l'importance des plantes fourragères ? — 2. Comment les divise-t-on ? — 3. Qu'est-ce qu'une prairie artificielle ? Quel espace faut-il leur consacrer ? — 4. Quelle est la plus importante des plantes fourragères ? Quels sont les terrains qui lui conviennent ? — 5. Quelle est la durée d'une luzernière ? — 6. A quelle époque faut-il semer la luzerne ? — 7. Quelles sont les principales maladies de la luzerne ? — 8. Nommez les deux principales variétés de trèfle. — 9. Dans quels terrains réussit le trèfle rouge ? — 10. A quelle époque le sème-t-on ? — 11. Et le trèfle incarnat ?*

Sainfoin. Vesces.

15me Leçon.

1. — Le sainfoin (II) ou esparcette s'accommode d'un

(I) Tout le monde connait le moyen qu'employa Franklin pour démontrer les effets merveilleux du plâtre sur les fourragères.

(II) Olivier de Serres appelait le sainfoin (une herbe valeureuse, exquise et substantielle). Elle donne en effet un fourrage de qualité supérieure ; c'est de là que lui vient son nom.

terrain médiocre, mais il réussit surtout dans les sols calcaires. Il craint l'humidité et résiste très bien à la sécheresse. Il ne météorise jamais le bétail, ce qui permet de l'employer comme fourrage sec.

2. — On sème le sainfoin au printemps sur une céréale d'hiver ; mais la semaille effectuée en automne, en même temps que celle du blé, réussit mieux qu'au printemps. Il faut de 3 à 4 hectolitres de graine par hectare (1). Le plâtre agit puissamment sur l'esparcette, surtout lorsque le sol est argileux ou peu chargé de chaux.

3. — Il y a deux variétés de vesces, savoir : la vesce d'hiver et la vesce de printemps. La vesce d'hiver aime une terre forte et fraîche. C'est une plante nettoyante par excellence qui dispose le sol à recevoir une récolte de céréales. Un plâtrage en avril favorise extrêmement la végétation de cette fourragère.

4. — — La vesce d'hiver se sème en septembre sur un seul labour. La semence est jetée à raison de deux hectolitres par hectare et mélangée avec un cinquième d'avoine. La vesce de printemps qu'on sème de mars à mai est moins productive.

5. — On cultive encore les gesses d'automne et de printemps, le ray-grass, le brome de Schrader, etc. Mais ces plantes ne sauraient remplacer en aucun cas le trèfle, la luzerne, le sainfoin ; elles doivent jouer le rôle de fourrages complémentaires.

---

(1) Quelques agronomes assurent que le trèfle et le sainfoin s'excluent mutuellement ; c'est-à-dire que le second réussit là où le premier ne vient point et réciproquement.

Questionnaire : — *1. A quelle terre convient le sainfoin ou esparcette ? — 2. A quelle époque le sème-t-on ? — 3. Y a-t-il plusieurs variétés de vesces ou jarosses ? — 4. A quelle époque sème-t-on la vesce d'hiver ? de printemps ? — 5. Quelles sont les autres plantes fourragères et quelle est leur utilité ?*

22me Leçon.

Fauchage et fanage des plantes fourragères.

1. — La luzerne, les trèfles et le sainfoin doivent être coupés au moment de leur entière floraison. Fauchés avant, ils donnent un fourrage peu nourrissant ; plus tard, il est grossier, dur et par suite peu appétissant. De plus c'est après la floraison, au moment où se forme la graine, que les plantes épuisent le sol.

2. — Au mois de mai, époque à laquelle on fauche pour la première fois les prairies artificielles, il est quelquefois difficile d'obtenir une dessication complète. Alors le fourrage fermente dans la grange et laisse échapper une poussière nuisible aux animaux. Lorsque la chaleur est très forte au contraire, l'action du fanage, le chargement et le transport font détacher d'abondants débris, diminuent le volume et affaiblissent la qualité du fourrage.

3. — Pour obvier à ces inconvénients, il faut avoir recours à la méthode Klapmeyer. Voici en quoi elle consiste : dès que le fourrage est coupé, on en fait des meules bien tassées qu'on laisse ainsi de 40 à 48 heu-

res. Quand la chaleur commence à baisser, il faut se hâter, quelque temps qu'il fasse, de les défaire et de répandre le foin pendant un jour ou deux suivant la température. Le fourrage ainsi préparé (1) devient brun et répand une forte odeur de miel. Il est plus nutritif que le foin ordinaire et les bestiaux le préfèrent à ce dernier.

Questionnaire : — *1. Quel est le moment le plus favorable pour couper les plantes fourragères ? 2. Quels sont les inconvénients de la méthode généralement employée dans nos contrées pour le fanage des fourrages artificiels ? — 3. Comment peut-on obvier à ces inconvénients ?*

23me Leçon.

Prairies naturelles.

1. — Si l'on veut retirer un bon revenu des prairies naturelles, il faut les fumer, les irriguer, détruire les animaux nuisibles et répandre la terre provenant des taupinières. Un hersage énergique pratiqué au mois de janvier enlève la mousse et permet à l'air de pénétrer jusqu'aux racines des plantes.

2. — Les fumiers chauds, la cendre, la marne, les boues des villes exercent sur les prairies des effets prompts et énergiques.

3. — L'action bienfaisante de l'irrigation se fait sentir en toute saison. En hiver, l'eau atténue, par sa température, les effets des gelées ; en été, l'irrigation

(1) Les meules doivent être d'un charroi au moins.

distribue aux plantes l'humidité qui leur est nécessaire.

4. — L'irrigation ferait le plus grand bien aux prairies qui longent les cours d'eau ; c'est à la sécheresse presque constante de nos étés que nous devons la pénurie des fourrages. Une prairie irriguée donnerait une double récolte.

5. — Parmi les animaux nuisibles aux prairies nous devons citer les fourmis qui dérangent le niveau du sol et les vers blancs qu'on détruit par un roulage (I).

6. — On fauche généralement les prairies naturelles du 10 juin au 1er juillet ; c'est le moment où les graminées sont fleuries. Par un fauchage trop prompt on perd sur la quantité ; par le fauchage trop retardé on perd sur la qualité (II).

7. — La célérité du fanage conserve au foin sa couleur, son arôme et ses principes nutritifs. Si l'on est surpris par la pluie, on doit laisser l'herbe en andains jusqu'au retour du soleil, et si l'on craint de ne pouvoir obtenir une dessication complète, il faut avoir recours à la méthode Klapmeyer.

Questionnaire : — *1. Quels sont les soins que réclament les prairies ? — 2. Quels sont les engrais qui leur conviennent ? — 3. Quels sont les effets de l'irrigation ? — 4. Y aurait-il avantage à irriguer nos prairies ? — 5. Quels sont les animaux nuisibles qu'on rencontre dans les prairies ?— 6. A quelle époque opère-*

(I) Les taupes ne nuisent pas pourvu qu'on ait soin de ne pas les laisser trop se multiplier et de répandre les taupinières.

(II) Foin qui sèche sur pied ne vaut pas de la paille.

t-on la récolte des prairies naturelles ?— 7. Quelles sont les précautions à prendre quand le foin est coupé ?

CHAPITRE X.

24me Leçon.

Plantes sarclées.

1. — On donne le nom de plantes sarclées à celles qui sont cultivées en lignes. Les sarclages, binages et buttages qu'elles exigent nettoient parfaitement la terre.

2. — Les principales plantes sarclées sont : la betterave, le maïs, la pomme de terre, les choux, les navets, les topinambours, etc.

De la betterave.

3. — La betterave demande un sol profond', doux, friable et bien fumé.

4. — Les principales variétés de betteraves sont : la disette ou betterave champêtre, très répandue dans nos contrées, et la betterave de Silésie appelée aussi betterave à sucre, parce que c'est la plus riche en principes sucrés.

5. — On sème les betteraves en lignes espacées de 70 à 80 centimètres, en ayant soin de mettre deux graines dans chaque trou.

6. — Dès qu'elles ont poussé les deux premières feuilles, il faut commencer à biner ; trois semaines après on donne un second binage et on éclaircit à la

main, de manière à laisser entre les plantes l'espace suffisant pour que la racine puisse se développer (1)

7. — On les arrache dans la première quinzaine d'octobre, époque à laquelle le champ doit recevoir une semaille d'hiver.

Pommes de terre.

8. — Les terres légères et fertiles conviennent tout particulièrement à la culture de la pomme de terre dont les variétés les plus connues sont : *la patraque* à tubercules arrondis, offrant des yeux nombreux et apparents ; *la parmentière* à tubercules allongés ou aplatis, munis d'yeux peu nombreux et très apparents.

9. — La patraque jaune est incomparablement meilleure que toutes les autres variétés; aussi est-elle presque uniquement cultivée dans le département.

10. — On sème les pommes de terre en mars et avril. Il faut choisir pour semence des tubercules moyens et parfaitement sains. On peut également employer les morceaux, mais il est nécessaire de les laisser sécher un peu, après les avoir coupés, si l'on ne veut pas les voir pourrir avant de germer dans les années humides.

11. — Après l'arrachage qui se fait en septembre on conserve les pommes de terre, soit dans des silos, soit dans des caves non humides.

Questionnaire : — *1. Quels sont les avantages que présentent les récoltes sarclées ? — 2. Quelles sont*

(1) Quelques cultivateurs sèment en pépinière pour repiquer ensuite le plant. Ce procédé nous paraît moins sûr que celui que nous indiquons.

les principales plantes sarclées ?— 3. Quel est le terrain qui convient le mieux à la betterave ? — 4. Y a-t-il plusieurs variétés de betteraves ? — 5. Comment sème-t-on les betteraves ? — 6. Quels soins faut-il donner à la betterave pendant la végétation ? — 7. A quelle époque arrache-t-on la betterave ? — 8. Quels sont les terrains qui conviennent aux pommes de terre ? — Nommez les principales variétés. — 9. Quelle est la meilleure ? — 10. A quelle époque la sème-t-on ? Vaut-il mieux semer des tubercules entiers que des morceaux ? — A quelle époque se fait l'arrachage des pommes de terre ? — 11. Comment peut-on les conserver ?

25me Leçon.

Maïs.

1. — Le grain du maïs constitue pour l'homme un aliment très sain et les tiges fournissent aux bestiaux une nourriture abondante et salutaire.

2.— On le sème à la volée ou en lignes depuis le 1er avril jusqu'au mois d'août, sur une terre riche et bien fumée; la culture en lignes favorise la circulation de l'air et permet de tenir le sol plus propre et plus meuble. Le maïs exige, comme la betterave, plusieurs binages.

3. — Le blé ne doit jamais succéder au maïs; il faut au moins que ces deux récoltes soient séparées par une plante fourragère.

Fèves. Choux. Raves.

4. — Les fèves nettoient et amendent le sol. Leurs tiges, couvertes de larges et nombreuses feuilles, vivent

surtout aux dépens de l'air ; leurs racines, fortes et pivotantes, divisent et ameublissent la terre et la préparent à recevoir une récolte de froment.

5. — Dans le midi, nous semons les fèves à la fin de septembre ou au commencement d'octobre. Semées après l'hiver, elles ne tallent pas et se ramifient peu. Les fèves veulent être hersées, binées et sarclées.

6. — Elles sont sujettes à deux maladies : la rouille et la miellée. On ne connaît aucun remède contre la première ; quant à la seconde qui s'annonce par une matière visqueuse et sucrée, il faut, dès qu'elle se manifeste, pincer (I) le haut des tiges et l'emporter hors du champ.

7. — On cultive encore le chou cavalier, le chou branchu du Poitou, les raves, les navets, etc.; toutes ces plantes sont épuisantes, « mais elles produisent des fourrages excellents pour le bétail. » (II)

Questionnaire : — *1. Quels sont les avantages du maïs ? — 2. Comment le sème-t-on ? — 3. Le blé peut-il lui succéder ? — 4. Quels avantages présente la culture des fèves ? — 5. A quelle époque les sème-t-on ? — 6. Quelles sont les maladies dont elles peuvent être atteintes et quels remèdes peut-on opposer ? — 7. Citez encore quelques plantes cultivées pour fourrages.*

(I) Le pincement a, en outre, l'avantage d'empêcher les tiges de verser et de favoriser la fructification des gousses.

(II) Toutes les racines ne sont pas également nourrissantes. D'après M. Jamet, le topinambour occupe le premier rang; puis viennent les navets, les carottes, les betteraves, etc.

CHAPITRE XI.

Plantes industrielles.

26me Leçon.

Plantes textiles. Chanvre. Lin.

1.— Les plantes industrielles comprennent les plantes oléagineuses, les plantes textiles, les plantes tinctoriales et quelques plantes qui ne peuvent être rangées sous aucune des dénominations précédentes.

2. — Les plantes textiles sont celles dont les fibres servent à la confection des étoffes, des fils et des cordes. On cultive dans nos contrées le chanvre et le lin.

3. — Ces deux plantes aiment les sols profonds, frais, meubles et bien abrités. Elles sont très épuisantes et réclament des soins considérables; mais leur utilité est si absolue qu'on ne peut s'empêcher de les cultiver. (1)

4. — On sème le chanvre au printemps dès qu'on n'a plus à craindre le retour des gelées. Il est rarement nécessaire de le sarcler, mais il faut le débarrasser avec soin de l'*orobanche*, plante parasite qui se fixe sur les racines et vit aux dépens de la tige.

---

(1) Dans quelques communes riveraines de la Garonne (Aiguillon, Tonneins, Marmande, Sénestis, Taillebourg etc.) où l'alluvion ramène chaque année la fertilité naturelle des terrains, la culture du chanvre a une importance considérable. On n'évalue pas à moins de 2 millions la valeur annuelle de cette récolte.

Si l'on veut obtenir une filasse souple et fine, il faut semer dru et arracher le chanvre (tant mâle que femelle) alors qu'il est encore vert. Dans ce cas on a recours aux porte-graines pour la conservation des semences.

5. — Le lin est à la fois une plante textile et une plante oléagineuse. Ses graines contiennent une huile très employée en peinture. Les tourteaux ou pains de lin constituent un excellent aliment employé avec succès pour l'engraissement des bœufs.

6. — Le lin a deux variétés qu'on sème, l'une en automne, l'autre au printemps. Dans le midi, on ne cultive que le lin d'hiver.

7. — Pour mettre les plantes textiles en usage, il faut leur faire subir diverses préparations dont les principales sont : le rouissage (I) et le teillage.

Plantes oléagineuses.

8. — Les plantes oléagineuses sont celles qui produisent de l'huile ; telles sont le colza, l'œillette, la caméline, etc.

9. — Le colza (II) se sème de trois manières: en lignes,

(I) M. Payen propose un mode de rouissage qui fait disparaître les inconvénients graves, pour la salubrité, que présente le système actuellement suivi. « Il suffit, d'après ce savant, d'exposer le chanvre, en masse, au-dessus de tubes amenant la vapeur par un grand nombre de trous, de manière à élever et à maintenir la température à 36° environ durant quelques heures; une légère fermentation a lieu sous l'influence de la température douce et de l'humidité; elle désagrége suffisamment les matières adhérentes aux fibres de cellulose, pour que celles-ci se séparent aisément des tiges et les unes des autres. »

(II) La culture du colza occupe dans l'arrondissement de Marmande plus de 1000 hectares.

à la volée et en pépinière. On doit préférer l'ensemencement en lignes en ayant soin de laisser entre les pieds un espace de 25 à 30 centimètres.

10. — Si on fait un semis, on peut le repiquer à la suite de la charrue, lorsque l'état de la terre le permet. Dans le cas contraire, il faut avoir recours au plantoir.

11. — Il y a deux variétés de colza: le colza d'hiver, le plus avantageux, et le colza de printemps dont le produit est non seulement plus faible, mais de moindre qualité.

12. — Le colza est bon à récolter quand les feuilles sont flétries, que les tiges ont pris une teinte jaunâtre et les graines une couleur brunâtre. Plus tôt, les graines seraient vertes et donneraient peu d'huile; plus tard, les cosses s'égrèneraient et on perdrait la moitié du fruit.

13. — On cultive encore l'œillette ou pavot, la navette, la caméline, etc. Ces plantes demandent moins de soins que le colza, mais elles sont, en général, moins productives.

Questionnaire : *1. Comment divise-t-on les plantes industrielles? Citez celles que l'on cultive dans notre pays? — 2. Qu'entend-on par plantes textiles? — 3. Quel sol exige le chanvre? — 4. A quelle époque le sème-t-on et quels soins exige-t-il? — 5. 6. Et le lin? Combien présente-t-il de variétés? — 7. En quoi consistent le rouissage et le teillage du chanvre et du lin? — 8. Qu'entend-on par plantes oléagineuses? — 9. Comment se sème le colza? — 10. Comment le transplante-t-on? — 11. Y a-t-il plusieurs variétés de colza?— 12. A quels signes reconnaît-on que le colza est bon à récolter? — 13. Quelles sont les autres plantes oléagineuses?*

Plantes Diverses.

27me Leçon.

Tabac. Houblon.

1. — La culture du tabac n'est permise en France qu'avec l'autorisation du Gouvernement et à des conditions déterminées par la loi. (I)

2. — Le tabac se plaît dans tous les terrains à la condition qu'ils soient bien travaillés et qu'on ne leur ménage pas l'engrais. Les boulbènes et les terrains sablonneux produisent des tabacs légers, séveux et corsés; ce sont les meilleurs. (II)

3. — On fait des semis sur une terre bien préparée à la bêche et bien fumée ; au mois de juin, quand les plants ont trois ou quatre feuilles, on les transplante dans un champ labouré en automne, après l'avoir soumis au printemps à deux autres labours et à un hersage. Un temps pluvieux est favorable à cette opération pour faciliter la reprise de la plante qu'il convient d'arroser si le temps est sec.

4. — Le tabac demande un binage et un buttage: le premier, un mois environ après la plantation; le second, quand les plants ont 30 centimètres d'élévation. On l'écime dès que paraissent les premiers boutons. Les feuilles conservées doivent seules servir à la

(I) La loi du 28 avril 1816.

(II) Le Lot-et-Garonne est éminemment propre à la culture du tabac.

préparation du tabac.

5.— La récolte a lieu dans les mois d'août et de septembre. Les feuilles adhérant encore à la tige sont portées avec elle au séchoir pour y subir la dessication. Le séchoir doit être construit de manière à protéger le tabac contre l'humidité et les brouillards, contre le vent et l'action trop grande du soleil. En 2 ou 3 mois les feuilles sont sèches. On les détache de la tige et on les dispose en masses; puis on les trie et on les réunit par bouquets ou manoques de 25 feuilles, le lien compris. Une seconde mise en masses suit le manocage. Le tabac est alors livré aux magasins où il est payé à des prix déterminés par des experts désignés à cet effet.

6. — Malgré les soins constants qu'exige cette plante, les accidents qui la menacent et les désagréments d'une réglementation minutieuse, il y a intérêt à la cultiver. Et d'abord elle donne de très beaux revenus, et puis par les travaux qu'elle entraîne et les engrais qu'elle exige, elle amende le sol et le dispose à produire des céréales.

7. — Le houblon est une plante grimpante et vivace dont les fleurs s'emploient dans la fabrication de la bière. Cette plante réussit bien dans les terres argilo-siliceuses ; il lui faut de l'air et du soleil ; mais elle redoute les changements de température et une humidité trop continue. D'une manière générale le houblon réussit partout où vient la vigne.

8. — On le plante sur un terrain défoncé profondément, en ayant soin de placer les pieds à une distance de 1m 67 les uns des autres. On soutient les tiges avec

des perches de 8 à 9 mètres de hauteur ; c'est le long de ces perches que se développent les fleurs. On les ramasse vers la première quinzaine d'août et on les fait sécher à l'ombre pour leur conserver leur arome. Si la culture du houblon demande des frais considérables d'installation, elle assure de grands revenus. (1)

Questionnaire : — *1. Tout propriétaire peut-il cultiver du tabac ? — 2. Quel est le terrain qui convient à la culture de cette plante ? — 3. Comment cultive-t-on le tabac ? — 4. Quels soins exige-t-il ? — 5. A quelle époque le récolte-t-on ? — 6. La culture du tabac est-elle avantageuse ? — 7. Qu'est-ce que le houblon ? — 8. Comment le plante-t-on ?*

CHAPITRE XII.

Succession des récoltes.

28me Leçon.

Assolements.

1. — L'expérience a démontré que pour obtenir constamment du sol de belles récoltes, il faut en varier les produits. Ainsi, lorsqu'une plante revient pendant plusieurs années de suite sur le même terrain, d'ailleurs suffisamment engraissé, elle finit par l'épuiser et par perdre elle-même ses qualités.

(1) La récolte du houblon exige, à un moment donné, et c'est là un des inconvénients de cette culture, un très grand nombre de bras.

2. — Si au contraire on confie à cette terre la première année des plantes fourragères, la seconde des plantes sarclées, la troisième des céréales, etc., non seulement on aura de belles récoltes, mais encore le sol sera maintenu dans un état progressif d'amélioration.

3. — Tout cultivateur intelligent divise donc les terres de sa propriété en plusieurs parties appelées *soles*, destinées à recevoir, chacune et chaque année, un genre de culture différent de celui de l'année précédente.

4. — Cette division se nomme *assolement* et on désigne sous le nom de *rotation* l'ordre dans lequel les diverses récoltes se succèdent sur la même sole.

5. — Les modes d'assolement adoptés dans le Lot-et-Garonne sont : l'assolement biennal, l'assolement triennal et l'assolement alterne.

6. — L'assolement est dit biennal quand la même plante revient tous les deux ans sur le même terrain. Cet assolement est mauvais ; il peut tout au plus convenir aux terrains d'alluvion des bords de la Garonne.

7. — L'assolement triennal est généralement adopté dans nos contrées. Il convient aux petites cultures où la main d'œuvre et les engrais ne font pas défaut ; mais là où ces deux éléments de fertilisation manquent, il fait revenir trop tôt les mêmes plantes sur le même terrain.

8. — L'assolement alterne, ainsi nommé parce qu'il a pour principe d'alterner, d'année en année, les céréales et les récoltes fourragères, les cultures épuisantes et les cultures améliorantes, les cultures qui salis-

sent le sol et celles qui le nettoient, nous parait devoir être préféré aux deux précédentes.

Il permet de consacrer la moitié des terres de l'exploitation aux fourrages et éloigne le retour des mêmes cultures sur le même sol. (I)

9. — Voici du reste quelques règles qu'il ne faut point perdre de vue quand on veut établir un assolement :

Les récoltes épuisantes et les récoltes améliorantes (II) doivent alterner ;

Les plantes de la même famille ne doivent pas se succéder ;

On doit faire revenir assez souvent les plantes sarclées qui débarrassent le sol des mauvaises herbes dues aux cultures antérieures ;

Les fumiers doivent précéder les récoltes sarclées,

(I) Voici un exemple d'assolement interne: une propriété de 12 hectares est divisée en 4 soles : la 1re reçoit des cultures sarclées, la 2e une céréale de printemps, la 3e des fourrages, trèfles, vesces, etc., la 4e du blé.

Autre exemple :

1re année, avoine et trèfle semés ensemble ; 2e année, trèfle ; 3e année, cultures sarclées, pommes de terre, betteraves, etc.: 4e année, blé. On fume la première année à raison de 45 charrois de 1000 kilog. par hectare et la fumure ne revient qu'au bout de 4 ans. La culture sarclée précède toujours le blé.

(II) Les plantes épuisantes telles que le blé, l'avoine, l'orge, le lin, etc., sont celles qui puisent presque toute leur nourriture dans le sol auquel elles ne rendent rien ou presque rien. Les plantes fertilisantes sont les plantes fourragères en général. Elles puisent par leurs feuilles une partie de leur nourriture dans l'atmosphère et laissent au sol d'abondants débris. Les plantes fertilisantes sont presque toujours nettoyantes, tandis que les plantes épuisantes sont presque toujours salissantes.

afin de pouvoir détruire les mauvaises herbes dont les graines se trouveraient dans le fumier; enfin il faut faire choix, pour établir l'assolement, de plantes en rapport avec le climat, la nature du sol, les besoins du cultivateur et le commerce du pays.

Questionnaire : — *1. Doit-on semer plusieurs années de suite la même plante sur le même terrain? — Pourquoi cela? — 2. Que faut-il faire alors? — 3. Qu'appelez-vous soles? — 4. Qu'entendez-vous par assolement? rotation? — 5. Quels sont les modes d'assolement adoptés dans le Lot-et-Garonne. — 6. Que pensez-vous de l'assolement biennal? — 7. Triennal? — 8. Alterne? Citez un exemple d'assolement alterne (note). — 9. Quelles sont les règles à observer quand on veut établir un assolement?*

29me Leçon.

Jachère. Destruction des mauvaises herbes.

1. — Un assolement bien entendu exclut la jachère ou repos de la terre pendant un an.

2. — Si au lieu de laisser le sol se couvrir de mauvaises herbes pendant neuf ou dix mois, on l'avait labouré pour y semer des vesces, du trèfle ou tout autre fourrage, non seulement on l'aurait amélioré et nettoyé, mais encore, grâce à cette culture fourragère, on aurait pu augmenter le nombre des animaux de la ferme et avec eux les engrais.

3. — Les trèfles touffus, et en général les plantes fourragères, détruisent les mauvaises herbes en les privant d'air.

Du reste, il faut avoir grand soin de détruire les plantes nuisibles annuelles, telles que le chardon, la folle avoine, etc. avant la floraison; si les graines sont déjà tombées, on doit remuer le dessus du champ, afin de les faire lever et de les détruire ensuite par un labour.

4. — Quant aux plantes qui, comme le chiendent, se reproduisent par toutes leurs parties, il faut avoir recours à des labours fréquents, suivis d'un bon hersage, en temps de sécheresse, et quelquefois même à des défoncements.

Questionnaire : — *1. En quoi consiste la jachère? — 2. Est-il avantageux de laisser un terrain en jachère? Prouvez-le? — 3. Comment expliquez-vous la destruction des mauvaises herbes par les fourrages artificiels? — 4. Comment parvient-on à détruire les plantes nuisibles qui se reproduisent par toutes leurs parties?*

30me Leçon.

Animaux nuisibles aux récoltes. Moyens préservatifs. Animaux destructeurs des animaux nuisibles.

1. — Les animaux nuisibles dévorent les semailles, rongent les racines et les tiges des plantes, font périr le fruit et détruisent quelquefois des récoltes entières.

2. — Les plus dangereux sont, dans nos contrées :

Les hannetons et leurs larves ou vers blancs qui ravagent nos jardins en rongeant la racine des plantes;

Le charançon qui dépose ses œufs dans les grains de blé;

La pyrale qui détruit les bourgeons à fruit de la vigne ; (1)

Les mulots et les autres espèces de rats qui mangent les grains soit dans les champs, soit dans les granges ;

Les limaces et les limaçons qui attaquent les semis et les jeunes pousses ;

Les chenilles qui détruisent les légumes et les feuilles des arbres ;

Les courtilières ou taupes-grillons qui coupent les racines dans le sol.

3. — Il faut autant que possible prévenir la multiplication des vers blancs par la destruction des hannetons.

On peut combattre le charançon par le chaulage du blé, les rats par des piéges.

On se débarrasse des limaces en leur faisant la chasse au printemps et en automne : on place, à cet effet, dans les allées du jardin des feuilles de choux ou de laitue dont elles sont très avides et où elles viennent se rassembler. On les éloigne aussi en répandant sur les plantes de la suie, des cendres ou de la chaux en poudre.

Pour détruire les chenilles, on doit rechercher et brûler leurs nids en hiver et les écraser au printemps autour des branches où elles se groupent pendant la nuit.

---

(1) Chacun de ces insectes pond un grand nombre d'œufs; le hanneton de 70 à 100, le charançon de 70 à 90 la pyrale de 100 à 130. On voit par là tous les dégâts qu'ils peuvent causer.

Avec des vases enfoncés dans le sol et remplis à moitié d'eau on fait souvent noyer les rats et les courtilières.

5. — Mais tous ces moyens seraient d'une effrayante insuffisance si la Providence ne nous avait donné dans les animaux de précieux auxiliaires.

6. — Les chats, les belettes, les couleuvres, les buses et un grand nombre d'oiseaux de nuit, hiboux, chats-huants, chouettes sont les adversaires les plus redoutables des rats ; les lézards, les crapauds, les hérissons, les taupes font une guerre acharnée aux insectes et aux limaces. La taupe, en particulier, détruit des quantités considérables de vers blancs ; la corneille est le plus grand destructeur de hannetons que l'on connaisse ; tous les oiseaux insectivores, grands et petits, hirondelles, merles, grives, rossignols, fauvettes, bergeronnettes, rouges-gorges, sont de la plus haute utilité en tant qu'ils dénichent les œufs des insectes, soit à terre, soit sur les rameaux, et consomment des myriades de larves.

Les oiseaux granivores eux-mêmes, moineaux, pinsons, chardonnerets, linottes, nourrissent leurs petits d'insectes et les détruisent en grand nombre au moins à l'époque de la couvée.

7. — Il est donc de l'intérêt des agriculteurs de protéger les animaux et de favoriser en particulier la multiplication des oiseaux en empêchant leurs enfants de se livrer au dénichage, qui est pour le moins aussi nuisible que barbare.

Questionnaire : — *1. Parlez des animaux nuisibles. — 2. Citez les animaux nuisibles de nos contrées ?*

— 3. Par quels moyens peut-on détruire les vers blancs, le charançon, les limaces, les chenilles, les rats, etc.? — 4. Ces moyens sont-ils suffisants ? — 5. Nommez quelques animaux destructeurs des animaux nuisibles. — 6. Qu'y a-t-il à faire à l'égard de ces derniers ?

QUATRIÈME PARTIE.

Animaux domestiques utiles à l'Agriculture.

CHAPITRE XIII.

31me Leçon.

Économie du bétail. Principes généraux.

1. — Les animaux domestiques sont ceux qui vivent près de l'homme. On donne plus particulièrement le nom de bétail au bœuf, au cheval, au mouton, à la chèvre (1), etc.

2. — Sans bétail point d'engrais, point de travail et partant point d'agriculture. « Plus un cultivateur peut entretenir de bétail, plus il a de revenus. »

3. — Nous voudrions avec tous les agronomes que chaque ferme comptât une tête de gros bétail par hectare ; nous sommes encore loin de ce résultat et nous

---

(1) Au bœuf et au cheval, on donne le nom de gros bétail, et celui de petit bétail au mouton, à la chèvre et au porc.

ne l'atteindrons qu'en donnant plus d'extension à la culture des plantes fourragères.

Des soins à donner aux animaux.

4. — La santé des animaux exige des soins. Il faut qu'ils soient propres, bien logés, bien nourris et traités avec douceur.

5. — Leur logement doit autant que possible être exposé au midi ou au sud-est, et posséder au moins deux ouvertures convenablement disposées pour la circulation et le renouvellement de l'air (1). Sa surface dépend naturellement du nombre d'animaux qu'on veut y renfermer, mais sa hauteur ne saurait être inférieure à 4 mètres. Le pavé doit être légèrement en pente, afin que le purin puisse s'écouler dans la fosse au fumier ou dans un réservoir.

6. — La propreté n'est point une affaire de luxe puisqu'elle peut préserver les animaux de bien des maladies. Il est donc nécessaire de pratiquer régulièrement le pansage, c'est-à-dire de débarrasser avec l'étrille et la brosse le corps des animaux des parties de boue ou de fumier qui se sont attachées aux poils, et aussi la sueur qui sèche et s'attache à la peau dont elle gêne la transpiration. Il convient enfin d'enlever assez fréquemment le fumier et de renouveler soigneusement la litière.

7. — La nourriture doit être abondante, substantielle et réglée. L'insuffisance de nourriture retarde le développement de l'animal, nuit à sa vigueur et altère

(1) On établit des courants d'air pendant que les animaux sont aux champs.

ses formes.

8. — On l'a dit avec raison : « La douceur envers les animaux est un devoir d'humanité, les maltraiter est un acte inexcusable de barbarie. » Il y a plus, l'intérêt du cultivateur lui commande de traiter ses bestiaux avec bonté. La brutalité les rend vicieux et nuit à leur santé et à leur embonpoint. (1)

Questionnaire : — *1. Qu'entend-on par animaux domestiques ? — 2. Quelle est l'importance du bétail. — 3. Combien faut-il de têtes de bétail par hectare ? (note) Comment divise-t-on le bétail ? — 4. Quels soins réclament les animaux ? — 5. Quelles sont les conditions d'un bon logement ? — 6. Quelle est l'influence de la propreté ? — 7. Que doit être la nourriture ? Quels sont les inconvénients d'une nourriture insuffisante ? — 8. Faut-il traiter les animaux avec douceur ? Pourquoi ?*

32me LEÇON.

Espèce bovine, chevaline, ovine, porcine.

1. — L'espèce bovine est élevée en vue du travail ou de l'alimentation. Pour l'alimentation elle donne ou la viande de boucherie ou le lait et ses produits comme le beurre et le fromage. On a souvent aussi des animaux de rente, soit à cause de l'engrais qu'ils produisent, soit à cause des bénéfices qu'ils permettent de réaliser.

2. — Dans notre département les bœufs sont toui

(1) Ainsi que l'a dit un moraliste : « L'habitude de la cruauté envers les animaux peut conduire insensiblement à la cruauté envers les hommes et enfin au crime. » On ne saurait trop rappeler cette vérité aux enfants.

spécialement destinés au travail. Ce n'est d'ordinaire que lorsqu'ils commencent à vieillir qu'on les engraisse pour la boucherie.

3. — L'espèce bovine a, dans le Lot-et-Garonne, une importance considérable (I). Elle est représentée par des races très diverses :

1° « La race garonnaise, à la démarche lente, remarquable par sa taille, sa précocité, son aptitude au travail et sa facilité à engraisser. On lui reproche d'avoir les pieds mous »

2° « La race gasconne, de taille moyenne, remarquable par son aptitude au travail et sa sobriété. » Elle est lente à se développer et à s'engraisser et donne peu de lait. « On la trouve seulement sur les frontières du Gers. »

3° « La race bazadaise, remarquable par la beauté de ses formes, par son énergie et sa vigueur; on la trouve dans quelques cantons des arrondissements de Marmande et de Nérac. » (II)

4° La race landaise, de petite taille, sobre, agile et d'une résistance au travail très remarquable.

5° La sous-race de Nérac, mélange de la race garonnaise avec la race gasconne, sobre et propre au travail.

4. — L'élevage des chevaux n'a qu'une médiocre importance dans notre département, qui est obligé

(I) Les éleveurs de Meilhan, Marmande, Tonneins ont obtenu cette année, comme les précédentes, au concours de la Villette, les premiers prix réservés à la race garonnaise.

(II) Géographie du Lot-et-Garonne par Amen et Maillé.

de demander à la Bretagne et à la Normandie 200 sujets environ tous les ans.

Deux races méritent d'être nommées :

1° La race landaise, de petite taille, infatigable et sobre, mais peu distinguée de formes ;

2° Les chevaux du pays, recherchés pour la remonte de la cavalerie légère. On les élève dans la plaine de la Garonne et la vallée du Lot. (1)

5. — L'espèce ovine élevée spécialement en vue de la boucherie est peu nombreuse ; elle appartient à la race landaise qui est petite et sobre, à la race lauragaise de taille moyenne, de formes assez jolies et d'une assez grande sobriété, et à la race agenaise à laine courte et fine.

6. — L'espèce porcine comprend : la race périgourdine élevée dans le nord du département, et la race agenaise remarquable par sa taille et ses oreilles pendantes. Cette dernière est tardive à se développer, aussi lui préfère-t-on la race périgourdine. Croisées avec les races anglaises, les races locales donnent des

(1) Voici, d'après M. Fleury Lacoste, les formes que l'on doit rechercher dans un cheval de trait : « Il doit être épais, court et ramassé, avoir la poitrine et la croupe larges, les épaules fortes, le corps et les côtes arrondies, et le pied d'aplomb. »

« Un bon taureau doit avoir la tête courte et épaisse, le front large, les naseaux grands, les cornes bien faites, le cou fort, la poitrine large, le dos droit, les épaules fortes, les jambes courtes, minces du bas et bien musclées du haut. Son corps doit se rapprocher le plus possible de la forme cylindrique. »

« Enfin une bonne vache laitière doit avoir les jambes légères et minces, le pis pendant mince et non charnu, de grosses veines sous le ventre, le poil doux et fin, la peau souple et non collée aux côtes. »

produits d'une grande précocité et d'une aptitude à l'engraissement très remarquable.

7. Les oiseaux de basse-cour élevés dans le département suffisent et au-delà aux besoins de la consommation locale. Quelques-uns même sont l'objet d'un assez grand commerce. Dans ce nombre nous devons citer :

1° Les oies et les canards qui, engraissés avec soin, puis confits et mis en pots, sont justement estimés.

2° Les poules, et en particulier la petite landaise qui est précoce, bonne pondeuse et d'une chair délicate.

8. — Quant aux abeilles, on trouve dans les Landes et dans le Haut-Agenais quelques ruchers très bien disposés et parfaitement entretenus. L'abeille hollandaise donne en cire et en miel des produits considérables. (1)

Questionnaire : — *Quels sont les animaux domestiques utiles à l'agriculture ? — 1. Quelle est l'utilité de l'espèce bovine ? — 2. Qu'appelle-t-on bêtes de rente ? — 3. Quelles sont, dans le département, les principales races de l'espèce bovine ? — 4. Parlez-nous de l'espèce chevaline ? (race landaise, race du pays). — 5. De l'es-*

---

(1) Sans entrer, au sujet de l'apiculture, dans des détails qui [illegible] nous tenons à indiquer [illegible] on peut [illegible] ba[illegible] et [illegible] à l[illegible] tient [illegible] vers le s[illegible] fumée [illegible] battent [illegible] lever la ruche [illegible] sans aucun danger.

pèce ovine ? (race landaise et lauragaise). — *6. De l'espèce porcine ? — Des oiseaux de basse-cour ? — 8. Des abeilles ?*

32me Leçon.

Principales maladies des animaux.

1. — Malgré les soins dont ils sont l'objet, les animaux sont exposés à diverses maladies. Quelques-unes, sans gravité, peuvent être prévenues ou guéries par les précautions de l'agriculteur ; d'autres, au contraire, réclament des remèdes énergiques en attendant l'arrivée de l'homme de l'art.

2. — Parmi ces maladies, nous citerons :

1° La météorisation produite par le trèfle et la luzerne mangés en vert. Dès qu'on s'aperçoit qu'une bête enfle, il faut lui faire avaler deux cuillerées d'eau de javelle ou ammoniaque dans un litre d'eau. Si malgré ce remède l'enflure continue, il faut percer avec un trocart (1) le flanc de l'animal, entre les hanches et les côtes du côté gauche. On peut encore, toutes les fois qu'on a de l'eau à portée, précipiter l'animal dans un bain froid ;

2° L'apoplexie ou coup de sang, maladie assez fréquente dans nos contrées. L'animal qui en est atteint respire difficilement et l'intérieur de ses paupières est coloré en rouge. Le remède employé pour la combattre est la saignée à la veine du cou qu'on pratique

(1) « C'est un instrument à lame triangulaire et pointu à l'une de ses extrémités. »

avec un instrument connu sous le nom de flamme; (I)

3° La fluxion de poitrine déterminée par un passage brusque du chaud au froid. On pratique une saignée abondante et on donne de la tisane de mauve ou de lin ;

4° Le charbon qui se manifeste par une grosseur à la cuisse, au poitrail ou sur les côtes. Il faut, dès qu'on remarque cette grosseur, la brûler avec un fer rougi et mettre sur la plaie du charbon réduit en poudre (II).

Enfin une trop forte course provoque chez les chevaux la fourbure contre laquelle il faut employer la saignée et le frictionnement des jambes avec de l'essence de térébenthine.

Questionnaire : — *1. Les agriculteurs doivent-ils connaître les caractères des diverses maladies dont les animaux peuvent être atteints? Pourquoi? — 2. Citez ces maladies et les remèdes au moyen desquels on les combat? — Ne faut-il pas, après avoir donné les soins indispensables, appeler le vétérinaire?*

(I) Tout propriétaire doit avoir une flamme et savoir s'en servir.

(II) Des expériences toutes récentes permettent d'espérer que cette maladie sera combattue par l'emploi de l'acide phénique.

CINQUIÈME PARTIE.

Horticulture.

CHAPITRE XIV.

34me LEÇON.

Notions générales.

1. — L'horticulture a pour but la création et la culture des jardins.

2. — Il faut autant que possible établir le jardin dans un terrain doux, profond, frais sans être humide et exposé au midi.

3. — Le jardin peut être destiné à la production des légumes, des fruits ou des fleurs. Dans le premier cas il porte le nom de potager (1), dans le second celui de verger, et dans le troisième celui de parterre ou jardin d'agrément.

4. — Dans nos contrées, les fleurs s'associent le plus souvent aux légumes et aux arbres fruitiers.

5. — Quelle que soit la destination d'un jardin, il est indispensable d'avoir de l'eau pour entretenir dans un état d'humidité convenable les plantes et les semis. L'eau exerce une double action sur les végétaux ; elle entre dans leur constitution et charrie dans

(1) Si les légumes que produit le potager sont destinés à la vente, on lui donne le nom de *jardin maraîcher*.

leurs tissus les matières dont ils se nourrissent.

6. — Il faut, suivant les saisons, arroser le matin ou le soir. Au printemps, alors que les nuits sont encore fraîches, il convient de le faire le matin ; en été, au contraire, il est préférable d'arroser le soir, afin que l'eau s'évapore moins vite.

7. — L'eau de pluie est la meilleure de toutes pour l'arrosement des plantes ; il serait donc avantageux de la recueillir dans des citernes. Généralement on n'emploie que des eaux de puits, qui sont trop froides, pour être directement utilisées pour les arrosages. Il est de toute nécessité de les exposer à l'air et au soleil avant de s'en servir.

8. — On a, pour les élever, différents appareils tels que la poulie et les bascules auxquelles on doit préférer les pompes qui abrégent beaucoup le travail. Les norias et les manéges peuvent être adoptés dans les grandes exploitations.

9. — Quand on veut établir un jardin, il faut commencer par défoncer le terrain ; puis on le divise en planches bordées de différents arbustes ou bien d'oseille, de fraisiers, etc. On trace dans le sens de la plus grande dimension une allée de 2 mètres qui porte le nom d'allée maîtresse ou principale, à laquelle viennent aboutir des allées transversales qui partagent le jardin en petits carreaux faciles à cultiver.

10. — Les défoncements sont d'une grande utilité pour les jardins. S'ils sont coûteux, on peut dire qu'ils sont toujours largement rémunérés par l'augmentation des récoltes.

11. — Sur la terre occupée par les plantes, on exé-

cute des labours superficiels qui ont pour effet de briser la croûte et de détruire les mauvaises herbes et qu'on appelle binage et sarclage.

12. — Les principaux instruments dont on se sert dans le jardinage sont : la bèche, la pioche, la houe, le sarcloir, le rateau, le cordeau, la ratissoire. Ils sont tellement connus, qu'il doit nous suffire de les nommer.

Questionnaire : — *1. Qu'est-ce que l'horticulture? — 2. Quels sont les terrains les plus convenables pour l'établissement d'un jardin? — 3. 4. Quels noms différents donne-t-on aux jardins? — 5. Quel est le rôle de l'eau dans les jardins? — 6. Comment doit-on arroser? — 7. Quelles sont les meilleures eaux? — 8. Comment élève-t-on les eaux de puits? — 9. Comment établit-on un jardin? — 10. Quels sont les travaux nécessaires à la préparation des terres? — 11. Quels sont les travaux d'entretien? — 12. Quels sont les principaux instruments de jardinage?*

35me LEÇON.

Semis et Repiquage.

1. — Les plantes potagères se reproduisent généralement par leurs graines.

2. — Quelques-unes, telles que [illegible], se multiplient par des fragments détachés d'elles-mêmes en ayant soin [illegible]; d'autres enfin, telles que l'oignon, l'ail, la pomme de terre, etc., se reproduisent par bulbes, caïeux ou tubercules.

3. — Pour hâter la germination et le développe-

ment d'un grand nombre de plantes, on fait des semis sur *ados* ou sur *couches*.

4. — L'ados est une portion de terrain abritée et inclinée vers le midi, de manière à recevoir plus directement les rayons du soleil.

5. — Les couches sont des fosses remplies de fumier fortement tassé et recouvert de terreau ou de terre fine. Les couches sont tièdes, chaudes ou sourdes, suivant que lors de leur formation, le fumier sort de l'étable ou a déjà plus ou moins fermenté.

6. — Les couches sont protégées contre les vents et les gelées par des brise-vents, des cloches, des châssis et des paillassons.

7. — Lorsque le semis est très épais, il est avantageux de l'éclaircir afin de donner au jeune plant l'espace nécessaire à son entier développement.

8. — Lorsque les plantes se sont suffisamment développées, on les transplante à l'endroit qu'elles doivent définitivement occuper; la transplantation doit être suivie d'un léger arrosage, surtout si les plants ont été enlevés sans leur motte.

9. — Le choix et la conservation des graines jouent un rôle considérable dans le succès des semis. Il faut donc autant que possible les faire venir soi-même. On réserve dans ce but les plantes les plus vigoureuses de chaque espèce auxquelles on donne le nom de porte-graines. (1)

10. — Ces graines recueillies doivent être soigneusement conservées à l'abri de l'humidité.

---

(1) Il est indispensable de renouveler de temps en temps la semence.

Questionnaire : — *1. 2. Quels sont les modes de reproduction des plantes ? Citez des exemples.— 3. Comment parvient-on à hâter le développement des plantes ? — 4. Qu'est-ce qu'un ados ? — 5. Une couche ? (couches chaudes, tièdes, sourdes). — 6. Quelle est l'utilité des brise-vents, des cloches, des chassis, des paillassons ?— 7. Que faut-il faire lorsque le semis est trop épais ? — 8. Qu'entendez-vous par transplantation ? — 9. Quelle est l'importance du choix des graines ? Que doit-on faire pour en avoir toujours de bonnes ?*

36me Leçon.

Culture des principales espèces potagères.

1. Les plantes potagères peuvent se diviser en cinq classes, savoir :

1° Les plantes recherchées pour leurs graines, telles que les fèves, les pois, les haricots, les lentilles.

2° Les plantes dont on mange les racines, les tubercules ou les bulbes, telles que les carottes, les salsifis, les raves, les navets, les oignons, les poireaux, l'ail, etc.

3° Les plantes cultivées pour leurs feuilles ou leur tige, telles que l'oseille, les épinards, le céléri, les asperges, les chicorées, le persil, etc.

4° Les plantes auxquelles on demande leur fruit, comme le melon, la citrouille, la tomate, etc.

5° Enfin les plantes que l'on cultive pour leurs fleurs, comme les choux-fleurs et les artichauts.

Pois. Haricots. Fèves.

1. Les pois aiment une terre légère, douce et chaude.

3. Ils se divisent en deux groupes : les pois à écosser et les pois mange-tout, ou pois dont on mange la cosse avec les grains qu'elle contient.

4. Les variétés cultivées dans le midi sont le petit pois Gonthier, très précoce et très productif, le nain hâtif, le nain de Hollande, le prince Albert, le pois Michaux et le Knight ou ridé.

5. Les semis se font au printemps ou à l'automne. On peut commencer les semis de printemps en février et les continuer jusqu'au mois d'août ; on a ainsi des pois jusqu'aux premières gelées.

6. Les haricots veulent un terrain doux, léger, profond et bien abrité. On les sème depuis le mois d'avril jusqu'au mois de juillet, ce qui permet d'en avoir de tendres toute la saison.

7. Les meilleures variétés pour notre région sont : le haricot de Soissons à graine blanche, plate et grosse, le haricot sabre à graine blanche comprimée et de moyenne grosseur, le flageolet nain, le sabre-nain et le bagnolet gris.

Questionnaire : — *En combien de classes peut-on diviser les plantes potagères ? 2. Citez des plantes cultivées pour leurs graines, pour leurs tiges et leurs feuilles, leurs racines, leurs fruits, leur fleur. 3. Quel est le terrain qui convient aux pois ? 4. En combien de groupes se divisent-ils ? 5. Quelles sont les variétés cultivées dans nos contrées ? 6. A quelle époque fait-on les semis ? 7. Quels sont les terrains qui conviennent aux haricots ? 8. A quelle époque les sème-t-on ? Quelles sont les meilleures variétés ?*

37me Leçon.

Carottes. Raves. Navets. Salsifis. Radis. Oignon. Ail.

1. La carotte exige une terre douce, profonde et bien fumée.

2. Les meilleures variétés sont : la rouge courte hâtive, la rouge demi-longue et la grosse rouge longue.

3. Les semis peuvent se faire depuis février jusqu'en septembre. En général on sème avec la carotte des radis qui favorisent sa germination.

4. Les raves et les navets doivent autant que possible être semés depuis mars jusqu'en septembre sur une terre travaillée et fumée l'année précédente.

5. Dans nos contrées on sème la rave du pays ou rave de la Garonne. Quant aux navets, les plus estimés sont : le navet des vertus, le navet d'Alsace, le navet banc et le rouge hâtif.

6. Les salsifis et les scorsonères demandent une terre fertile, bien ameublie et labourée profondément.

7. — Il faut les semer en février, mars ou avril, plutôt en lignes qu'à la volée pour pouvoir les sarcler.

8. — On sème les radis depuis février jusqu'en septembre, sur un sol ferme et frais. Les meilleures variétés sont : le radis rose hâtif, le radis demi-long rose, le long du midi et le raifort ou radis noir d'hiver.

9. — L'oignon aime une terre légère, franche et fumée longtemps à l'avance. Le semis se fait depuis août jusqu'en septembre, à la volée ou en lignes. Il est

nécessaire d'arroser tant que le plant est frêle. On le transplante en mars et avril et on l'arrache vers le mois d'août.

10.—Les meilleures variétés pour le midi sont : l'oignon blanc, hâtif, l'oignon poire et l'oignon de Port-Ste-Marie qui fait dans le canton du même nom l'objet d'un grand commerce.

11. — L'ail doit être cultivé sur une terre franche, douce et fumée longtemps à l'avance. On le plante en novembre ou décembre et on le couvre immédiatement après d'une couche de fumier qu'on laisse jusqu'au mois de mars, époque à laquelle on donne à l'ail la première façon. La récolte se fait quand les feuilles sont sèches.

12. — On sème les poireaux en février, mars et avril, sur un terrain profond et riche en engrais. On les transplante en juillet en ayant soin de couper les radicelles et les feuilles. Les poireaux réclament de fréquents arrosages.

Questionnaire : — *1. Quels sont les terrains qui conviennent à la carotte ? 2. Citez les principales variétés ? 3. A quelle époque les sème-t-on ? 4. Et les raves et les navets ? 5. Citez les principales variétés. 6. Parlez des salsifis et des scorsonères. 7. A quelle époque faut-il les semer ? 8. Quelles sont les meilleures variétés de radis ? 9. 10. Parlez de l'oignon. 11. De l'ail. 12. Du poireau.*

38me LEÇON.

Asperges. Céleri. Laitue. Épinards.

1. — L'asperge est un des meilleurs légumes de nos

jardins. Il est donc à regretter qu'elle soit si peu cultivée. On la sème en mars et en avril sur une terre légère, douce et bien engraissée. Si le temps est sec, on donne un bon arrosage avant de couvrir la graine, puis un bon binage quand elle a levé. On laisse le jeune plant se fortifier pendant deux ans. Il porte alors le nom de *griffes* ou *pattes d'asperges*.

2. — Le moment le plus favorable pour la plantation est le mois de février ou de mars. On ouvre dans le terrain, préparé à cet effet, des fossés parallèles de un mètre à 1 m. 30 de largeur, sur 0 m. 80 de profondeur qu'on remplit à moitié de fumier consommé et de sable, et l'on dispose sur chacun des côtés les griffes ou pattes, en ayant soin de leur donner en tous sens un espacement uniforme de 0 m. 50 ; enfin on les recouvre de 0 m. 06 à 0 m. 08 de terre et de sable.

3. La plantation faite, on bine et on sarcle pour détruire les mauvaises herbes, puis quand viennent le froid et les gelées, on coupe les tiges à 0,10 au-dessus du sol et on les recouvre d'une bonne couche de fumier. Au mois de mars suivant on donne un bon labour en ayant soin de ne pas atteindre les racines. On continue les mêmes soins pendant trois ans. A la troisième année, on peut recueillir quelques asperges ; mais il vaut encore mieux attendre l'année suivante, époque à laquelle la plantation se trouve en plein produit.

4. — Les variétés les plus estimées sont la grosse violette de Hollande et les magnifiques variétés d'Argenteuil (1).

(1) Elles ont remporté le prix d'honneur à l'Exposition universelle de 1867.

5. Le céleri demande un terrain frais et fertile. On le sème sur couches au commencement de mars et on arrose le semis jusqu'à ce que le plant soit bien levé. Dès qu'il a atteint la hauteur de 15 à 20 centimètres, on le repique dans une fosse de 30 à 40 centimètres de profondeur, on l'arrose abondamment et fréquemment, et on a soin de le tenir bien chaussé.

6. — Le céleri rave dont on ne mange que la racine ne se butte pas ; il exige comme le céleri ordinaire d'abondants arrosages.

7. — Les semis de laitue se font en août et septembre pour les récoltes du printemps et en avril et mai pour celles d'été.

8. — Les épinards se sèment en août et en septembre dans une terre abondamment fumée. Ils veulent être semés clairs et n'exigent guère d'autres soins qu'un sarclage à la fin de l'hiver; au printemps ils poussent avec vigueur.

Questionnaire : — *1. Parlez de l'asperge. 2. A quelle époque faut-il la planter? 3. Quels sont les soins à donner aux asperges? 4. Quelles sont les variétés les plus estimées? 5. Parlez du céleri. 6. Du céleri rave. 7 et 8. A quelle époque se font les semis de laitue, de romaine et d'épinards?*

39me Leçon.

Melons. Citrouilles. Tomates.

1. — Le melon vient en pleine terre dans nos contrées. On le sème sur couches en février et mars et sur ados en avril.

2. — Les melons semés sur couches et sous châssis exigent de grandes précautions; il faut, tous les jours, lorsque le soleil paraît, donner un peu d'air au jeune plant pour le rendre plus vigoureux, et l'arroser de temps en temps avec un engrais liquide. Dès que le plant a deux feuilles, il faut le repiquer. Semés en pleine terre, les melons ne demandent que peu de soins, mais ils sont tardifs.

3. — Si l'on veut du reste obtenir des fruits précoces et de bonne qualité, il faut, dès que le melon a 12 ou 15 centimètres, supprimer la tige principale ainsi que les rameaux à l'exception des deux plus vigoureux. Cette première taille amène le développement des yeux des deux branches conservées. Il devient nécessaire de couper les rameaux qu'ils ont produits au-dessus de la quatrième feuille. La troisième taille consiste à pincer à la quatrième feuille les quatre nouvelles branches provenant des feuilles laissées dans l'opération précédente. Quand le pied est suffisamment chargé de fruits noués, on pince l'extrémité des branches ; c'est la quatrième taille. A partir de ce moment les branches deviennent inutiles ; il faut donc les pincer toutes les fois qu'elles se montrent de nouveau.

4. — Pour avoir de bons melons, il faut arroser le moins possible. Il vaut même mieux laisser un peu souffrir la plante et lui donner ensuite un abondant arrosage.

5. — La culture des citrouilles exige moins de soins que celle des melons ; il n'y a que la seconde taille qui leur soit nécessaire. Il est inutile de les semer sur

couches.

6. — On sème la tomate sur couches en février et on repique le plant en mars et en avril. Pour obtenir de beaux produits, on supprime le bout des tiges et une partie des feuilles.

Questionnaire : — *1. Parlez du melon. A quelle époque le sème-t-on? 2. Quels soins demandent-ils? 3. A quelle époque pratique-t-on la première taille, la seconde, la troisième, la quatrième, etc.? 4. Faut-il arroser les melons? 5. Parlez de la citrouille. 6. De la tomate.*

40me Leçon.

Choux. Choux-fleurs. Brocolis.

1. — Les principales espèces de choux sont : les choux verts, les choux pommés ou cabus, les choux frisés et le chou-rave.

2. — Chacune de ces espèces se divise en plusieurs variétés. Les choux pommés cultivés dans tous nos jardins comprennent : le chou d'York, précoce et très estimé ; le chou cœur-de-bœuf, peu connu dans le midi ; le gros cabus blanc ou chou pommé proprement dit, et le chou Bacalan.

Parmi les choux frisés nous devons citer : le milan ordinaire, le milan d'Agen et le chou de Bruxelles.

Les principales variétés de choux verts sont : le chou cavalier ou chou à vache, le chou branchu du Poitou et le chou à faucher. Ces dernières variétés auxquelles il faut ajouter le chou-rave servent généralement à la nourriture du bétail.

3. — Le chou réussit dans tous les terrains convenablement fumés. Les semis se font au printemps et en automne, sur plate-bande fumée, ou sur couches, suivant les saisons. Dès que le plant commence à lever, il faut le protéger contre les puces de terre, en répandant dessus des cendres non lessivées.

4. — Les choux-fleurs demandent une terre fertile, douce et bien fumée, et de copieux arrosements. On les sème en automne pour les récolter au printemps ou en été pour les récolter en automne. La culture des brocolis ne diffère pas, pour ainsi dire, de celle des choux-fleurs.

Questionnaire : — *1. Quelles sont les principales espèces de choux ? 2. Quelles en sont les principales variétés ? 3. Quels sont les terrains qui conviennent au chou ? 4. Parlez des choux-fleurs, des brocolis.*

SIXIÈME PARTIE.

Arboriculture.

CHAPITRE XV.

41me LEÇON.

Végétaux ligneux. — Notions générales.

1. — Les arbres ou végétaux ligneux se composent de deux parties principales : l'une aérienne, nommée tige ; l'autre souterraine, appelée racine. Le point intermédiaire porte le nom de collet ou nœud vital.

2. — La racine donne naissance aux radicelles ou chevelu qui vont puiser dans le sol l'eau et les diverses substances destinées à servir à la nutrition de la plante.

3. — La tige comprend, en allant de dehors en dedans, l'écorce, le corps ligneux et la moëlle. Elle se subdivise en branches, rameaux et bourgeons.

4. — Les bourgeons sont de petits corps globuleux qui se développent sur les branches soit à l'aisselle des feuilles, soit à l'extrémité des rameaux. Dans ce dernier cas le bourgeon est dit terminal.

5. — Les bourgeons se forment en été ; ils portent alors le nom d'*yeux*. Ils s'accroissent un peu en automne et prennent alors le nom de *boutons ;* au printemps on les voit se gonfler et devenir de véritables *bourgeons*. Bientôt même ils s'ouvrent et laissent sortir le jeune rameau qui se couvre successivement de feuilles, de fleurs et de fruits.

6. — Certains bourgeons ne produisent en se développant que des rameaux et des feuilles ; d'autres ne donnent que des fleurs. Les premiers sont des bourgeons à bois et les seconds des bourgeons à fruit.

7. Enfin il est des bourgeons qui donnent à la fois des feuilles et des fleurs et qui ont reçu pour cette raison le nom de bourgeons mixtes.

8. — Il est très important au point de vue de la taille de savoir distinguer ces trois sortes de bourgeons. Les bourgeons à fruit sont gros et globuleux, tandis que les autres sont en général minces et effilés.

9. — Les feuilles sont les organes de la transpiration et de la respiration des plantes. Sous l'influence

de la lumière solaire, les végétaux décomposent l'acide carbonique, fixent dans leurs tissus le carbone et exhalent l'oxygène. L'inverse a lieu dans l'obscurité.

Questionnaire : — *1. Nommez les principales parties dont se compose un arbre. 2. Parlez de la racine. 3. Qu'est-ce que l'écorce, le corps ligneux, la moëlle ? 4. Définissez les bourgeons. 5. A quelle époque commencent-ils et quel nom portent-ils? 6. Qu'entendez-vous par bourgeons à bois, à fruit ? 7. Faut-il savoir distinguer ces deux espèces de bourgeons ? pourquoi ? 8. Qu'appelez-vous bourgeon mixte ? 9. Quel est le rôle des feuilles ?*

42e LEÇON.

Multiplication des végétaux ligneux.

Semis. Pépinières. Boutures. Marcottes. Greffes.

1. — Les arbres se reproduisent de deux manières : naturellement par les semis, artificiellement par les marcottes, les boutures et la greffe.

2. — Les semis veulent un terrain riche, meuble et profond. Dès que les jeunes arbres sont un peu forts, on les met en pépinière où ils restent jusqu'à la plantation définitive.

3. — La greffe est une opération qui consiste à transplanter sur un végétal un bourgeon ou un rameau qui a pris naissance sur un autre.

4. — On donne le nom de greffe au bourgeon ou au rameau, et celui de sujet au végétal sur lequel on

l'implante.

5. — Pour que la greffe réussisse, il faut que les deux végétaux soient de la même espèce ou d'une espèce à peu près semblable.

6. — On distingue plusieurs sortes de greffes : la greffe en fente, la greffe en écusson, la greffe en couronne et la greffe par approche.

7. — La greffe en fente consiste à implanter dans une fente pratiquée sur le sujet, un petit rameau taillé en lame de couteau (I).

8. — Dans la greffe en couronne, on place le rameau entre l'écorce et le bois du sujet.

9. — Dans la greffe en écusson, on pratique sur le sujet une incision en forme de T et on y place une plaque d'écorce munie d'un bourgeon (II).

10. — Dans la greffe par approche, on unit le petit rameau au sujet par des entailles qui se correspondent. La soudure est complète lorsqu'on opère sur de jeunes pousses.

11. — La bouture consiste à plonger dans la terre humide l'extrémité inférieure d'une jeune branche détachée d'un sujet. Les différents points de la branche, en contact avec la terre, ne tardent pas à donner naissance à des racines et à constituer un nouveau végétal. C'est par boutures que se multiplient les peu-

---

(I) La greffe en fente se fait généralement en mars et avril.

(II) L'écusson se fait du 20 mai au 15 juin, ou du 25 juillet au 15 août. Dans le premier cas, le bouton se développe tout de suite et on dit que la greffe est à œil poussant ; dans le second, le bouton ne se développe qu'au printemps suivant et la greffe est dite à œil dormant.

pliers, les cognassiers, les saules, la vigne, etc.

12. — La marcotte diffère de la bouture en ce que le rameau choisi est fixé à terre par une simple courbure et n'est détaché de la tige mère que lorsqu'il est muni de racines qui lui permettent de vivre isolément.

Questionnaire : — *1. Comment se reproduisent les arbres ? 2. Quel est le terrain qui convient aux semis ? 3. Qu'est-ce que la greffe ? 4. Qu'appelle-t-on sujet ? 5. Quelles sont les conditions à observer pour que la greffe réussisse ? 6. Combien distingue-t-on de sortes de greffes ? 7. Définissez la greffe en fente ? 8. La greffe en couronne ? 9. La greffe en écusson ? 10. La greffe par approche ? 11. Qu'est-ce que la bouture ? 12. La marcotte ?*

43e LEÇON.

Plantation. conduite et taille des arbres.

Arbres fruitiers.

1. — Les végétaux ligneux peuvent se diviser en trois classes : les arbres fruitiers, les arbres forestiers et les arbres d'agrément.

2. — La plantation des arbres, à quelque catégorie qu'ils appartiennent, doit se faire en automne, après la chute des feuilles ; dans les terrains humides seuls il convient de la renvoyer au printemps.

3. — Leur reprise et leur prompte venue dépendent de la manière dont se fait la plantation.

4. — Il est toujours avantageux de creuser les trous

longtemps à l'avance, pour que la terre extraite s'améliore et s'ameublisse par son contact avec l'air. Il faut, au moment de la déplantation, faire en sorte de ne pas endommager le chevelu. S'il est des racines difformes ou déchirées, on doit les couper très proprement.

Le jeune plant ainsi préparé est placé dans le trou (I) rempli aux deux cinquièmes (II) de terre riche et meuble ; on étend avec soin ses racines qu'on recouvre d'une nouvelle couche de terre végétale, et on achève de remplir le trou avec la terre sortie de la fosse.

5. — Il ne suffit pas de bien planter, il faut encore donner aux jeunes arbres des tuteurs pour les protéger contre les coups de vents, les arroser en temps de sécheresse, détruire les rejetons qui absorbent inutilement une partie de la sève, et bêcher au printemps et en automne la terre autour de leur pied pour permettre à la chaleur et à l'humidité de pénétrer jusqu'à leurs racines.

6. — Du reste, tous les soins dont nous venons de parler, ne suffisent pas pour donner aux arbres fruitiers en particulier, une forme élégante et régulière et une fertilité convenable.

7. — C'est par la taille seulement qu'on obtient une fructification plus égale et qu'on augmente le volume et la saveur des fruits.

8. — La taille varie nécessairement suivant l'âge,

(I) Il doit avoir un mètre au moins pour les grands arbres; de 60 à 70 centimètres pour les arbres fruitiers, et de 30 à 40 pour les arbustes.

(II) Cette première couche doit être suffisante pour que l'arbre ne soit pas plus enfoncé qu'en pépinière.

la force et l'espèce du sujet. Elle exige dans tous les cas une grande expérience et la connaissance des diverses parties dont l'arbre se compose.

9. — Le bourgeon en se développant produit le rameau, la lambourde, le dard et la brindille. Il est donc indispensable au point de vue de la taille, de savoir distinguer, sur un arbre, ces quatre productions (1).

10. — « Le rameau sert à former la tige et les branches. » Il est garni dans toute sa longueur d'yeux qui donneront l'année suivante de nouveaux rameaux petits et minces, munis de bourgeons pointus : ce sont les *brindilles*.

11. — Le dard est un petit rameau de 3 à 4 centimètres terminé par un bouton très pointu.

12.—La lambourde est une espèce de bourse « charnue, d'une faible longueur et terminée par un bouton à fleur sur les fruits à pépins ; sur les fruits à noyau, elle est ridée, terminée par un œil à bois et entourée de boutons à fleur. »

13. — Enfin, pour bien tailler un arbre, il est nécessaire de connaître la marche de la sève et la manière dont elle s'épanche depuis la tige jusqu'aux feuilles. Voici à cet égard ce que l'expérience a démontré :

1° La sève se porte de préférence vers les parties éclairées et aérées et vers l'extrémité des rameaux.

2° Elle circule facilement dans les branches verticales et tend à abandonner les branches inclinées ou

(1) Voir, à ce sujet, l'arboriculture fruitière par M. Forney.

horizontales. Il faut donc ralentir sa marche, l'entraver même quelquefois si l'on veut qu'elle soit propre à former des boutons à fleurs.

3° Lorsqu'une partie de l'arbre a été retranchée, la sève se porte vers la partie conservée qui se développe rapidement.

4° La sève fait développer des bourgeons plus vigoureux sur un rameau taillé long. Pour obtenir des rameaux à bois, il faut tailler court, et pour avoir des rameaux à fruit on doit tailler long.

5° Elle se porte de préférence vers les parties fortes et abandonne les parties faibles. On doit donc, pour rétablir l'équilibre, tailler court la branche forte, et long celle à laquelle on veut donner de la force.

6° La grosseur et la saveur des fruits dépendent de la quantité de sève qu'ils reçoivent.

14. — De tout ce qui précède, il est facile de conclure que pour obtenir une belle et abondante fructification, chaque branche de l'arbre doit recevoir une quantité considérable de sève, de chaleur et de lumière.

Les branches de même âge et de même nature doivent être de même vigueur, longueur, forme, direction et fertilité. Toute branche qui nuit à sa voisine doit être enlevée.

Questionnaire : — *1. En combien de classes peut-on diviser les végétaux ligneux ? 2. A quelle époque faut-il les planter ? 3. De quoi dépend la reprise et la prompte venue des arbres ? 4. Quels sont les soins à prendre au moment de la plantation ? 5. Et après ? 6, 7, 8. Parlez de la taille. 9. Quelles sont les productions du bourgeon ? 10. Définissez le rameau, la brindille. 11. Le* *dard. 12. La lambourde. 13. Parlez de la circulation de la sève. 14. Qu'y a-t-il à faire pour obtenir une belle et abondante fructification?*

44me Leçon.

Forme des arbres à fruit.

1. — Chaque arbre a une forme naturelle ; il suffit de la régulariser sans le torturer.

2. — On remarque deux formes naturelles : la forme pyramidale et la tête arrondie. Les arbres à gros fruits, et le poirier en particulier, prennent facilement la forme d'une pyramide ; quant aux arbres dont le fruit est à noyau, on leur donne la forme de tête arrondie en évidant l'intérieur pour y faire pénétrer la lumière ; on a ainsi le *gobelet ou buisson.* Quant à l'espalier, il a suffi d'aplatir une pyramide contre la muraille, et on a obtenu la *palmette ;* en aplatissant une tête arrondie on a formé l'*éventail.*

3. — Disons en terminant qu'on distingue deux sortes de tailles : la taille proprement dite, qui se fait de novembre à mars, et la taille en vert ou taille d'été qui comprend le pincement des bourgeons et des faux-bourgeons, le cassement partiel ou complet des rameaux et le palissage.

Elagage des arbres forestiers.

4. — La taille des arbres fruitiers dont l'utilité n'est pas contestée aujourd'hui est généralement pratiquée. Il n'en est pas de même de l'élagage des arbres forestiers.

5. — Tout arbre livré à lui-même ne grandit pas, ses branches se multiplient à l'infini, s'étendent démesurément et absorbent la sève au détriment de la tige. Le tronc, peu élevé, est encore couvert de nœuds volumineux qui le rendent tout à fait impropre aux constructions. Pour donner à l'arbre une forme convenable, il est indispensable d'avoir recours à l'élagage.

6. — Le moment le plus favorable pour pratiquer l'élagage est celui où la végétation est suspendue, c'est-à-dire d'octobre à mars. Voici du reste les conseils que donne à cet égard M. Du Breuil :

« L'élagage doit supprimer : 1° toutes les branches situées au-dessous de la moitié de la hauteur totale de l'arbre ; 2° le rameau situé à côté du rameau terminal de la tige lorsqu'il devient presque aussi vigoureux que lui ; 3° les branches faibles ou de moyenne grosseur trop rapprochées les unes des autres ; 4° les branches qui, plus favorisées que leurs voisines, prennent un accroissement disproportionné ; 5° enfin, les branches dont la suppression importe au redressement de la tige de l'arbre dont le centre de gravité a été déplacé. »

7. — Toutes ces branches doivent être enlevées avec soin ; la plaie doit être aussi verticale que possible si l'on veut qu'elle se cicatrise rapidement. Il est bon d'ailleurs de la préserver des influences extérieures en la recouvrant d'une couche de coaltar.

8. — Pratiqué comme il l'est dans nos contrées, l'élagage est plus nuisible qu'utile. Il engendre des gouttières et la carie et provoque ainsi le dépérissement du sujet dont il aurait pu augmenter la force

végétative et la valeur.

Questionnaire : — *1. Quelle est la forme qu'il convient de donner aux arbres fruitiers ? 2. Citez les formes naturelles des arbres. Parlez de la pyramide, de l'espalier, du gobelet, de la palmette, de l'éventail. 3. Combien distingue-t-on de sortes de tailles ? 4, 5, 6. En quoi consiste l'élagage? A quelle époque doit-on le faire ? Indiquez les règles que l'on doit observer. 7. Quelles sont les précautions qu'exige l'élagage ? 8. Est-il bien pratiqué généralement ?*

Arbres à produits industriels.

CHAPITRE XVI.

45me Leçon.

De la vigne. (1)

1. — La viticulture est l'art de cultiver la vigne.

2. — La tige de la vigne prend le nom de *cep ;* les branches se nomment *sarments* et les feuilles reçoivent la dénomination de *pampres*.

3. — On donne le nom de *vrilles* aux pousses fines au moyen desquelles la vigne s'attache aux tuteurs et aux autres corps qui l'environnent.

4. — Le raisin tout entier est connu sous le nom de grappe et on appelle rafle ce qui reste de la grappe

(1) Nous devons à deux viticulteurs distingués, MM. H. de Lafitte et M. Lespiault la plus grande partie des notions relatives à la vigne. Nous leur offrons ici l'expression de notre reconnaissance.

quand on a enlevé les grains.

5. — On donne le nom de *courson* à ce qui reste du sarment après la taille ; et celui de *crossettes* aux sarments que l'on enfonce dans la terre. Ces sarments poussent des racines et sont dits *barbus* ou *chevelus*.

Climat. Terrain. Situation. Exposition.

6. — Le climat du midi est particulièrement favorable à la production des bons vins (I).

7. — La vigne réussit dans tous les terrains qui ont de 25 à 30 centimètres de terre végétale ; mais elle se plaît surtout dans les calcaires, les marnes crayeuses et les argiles siliceuses reposant sur un sous-sol caillouteux (II).

8. — Elle donne ses meilleurs produits sur les bas coteaux exposés à l'est, au sud ou au sud-est. L'exposition au nord est la moins favorable.

9. — Enfin tous les viticulteurs s'accordent à reconnaître que le plan influe beaucoup sur la quantité et la qualité du vin. La variété des cépages est immense ; aussi ne donnerons-nous ici que les plus connus dans le Lot-et-Garonne. Ce sont :

1° Le pied rouge ou côte-rouge qui produit un vin généreux, riche de couleur, ce qui permet de l'employer pour faire des coupages avec des vins blancs.

2° Le méraou, plus productif que le côte-rouge,

(I) Les climats chauds produisent des vins plus corsés et plus généreux ; mais toutes ces qualités ne suppléent pas à la quantité qu'il faut également rechercher.

(II) Dans les terres riches, profondes, très propres à la culture des céréales, la vigne pousse beaucoup de bois et donne un vin de qualité inférieure.

moins sujet à la coulure et presque aussi coloré. C'est une variété de côte-rouge qui nous parait tout particulièrement recommandable.

3° La grosse mérille, très abondante, mais donnant un vin bleu et plat ; ce cépage est du reste sujet à l'oïdium.

4° Le sans-pareil, le plus productif de tous les cépages connus, mais tardif à mûrir. Ce n'est que trois semaines environ après le côte-rouge qu'on peut le vendanger; mais lorsqu'il est arrivé à son point de mâturité, il donne des vins nerveux, fins et colorés en rouge vif, et par suite éminemment propres à communiquer du nerf aux vins des autres cépages et à en relever la couleur.

5° Le graput ou sans-pareil précoce, plus hâtif que le précédent, dont il possède du reste tous les avantages.

10. — Parmi les cépages blancs, il en est deux dont la culture est très répandue, ce sont :

1° Le plant de dame, pique-poult ou folle-blanche qui produit les eaux-de-vie d'Armagnac et celles de Cognac. Le vin de ce cépage est d'une limpidité parfaite, aussi est-il recherché pour les coupages. Le plant de dame est d'ailleurs peu sujet à l'oïdium.

2° Le jurançon ou plant quillard qui donne des vins plus moelleux que le précédent, mais il est sujet à la coulure et à l'oïdium.

11. — Indépendamment de ces cépages cultivés pour la vinification, on trouve dans les plaines de la Garonne les excellents chasselas de Port-Sainte-Marie exportés sur tous les marchés de l'Europe.

Questionnaire : — *1. Qu'est-ce que la viticul-*

ture? 2. Qu'appelez-vous cep, sarments, pampres? 3. Vrilles? 4. Rafle? 5. Coursons, crossettes, barbus? 6. Quel est le climat le plus favorable à la vigne? 7. Dans quels terrains réussit-elle? 8. Quelle est la meilleure exposition? 9. Quelle est l'influence des cépages? Citez les principaux cépages rouges cultivés dans nos contrées. 10. 11. Les cépages blancs.

47me Leçon.

Plantation de la vigne.

1. — Lorsqu'on veut planter une vigne, on doit commencer par défoncer le terrain à une profondeur de 45 à 50 centimètres. Si cette opération paraît trop longue ou trop dispendieuse, on la remplace par un ou deux labours profonds, en ayant soin de faire suivre chaque trait de charrue d'une fouilleuse qui remue la terre sans la renverser.

2. — La plantation peut commencer dès le mois de novembre et se continuer jusqu'en juin. Elle se fait de trois manières : 1° à la fiche, 2° à trous, 3° à fossés.

3. — La dernière méthode est la plus défectueuse ; les racines suivent en effet la terre ameublie, s'enchevêtrent et ne se décident à tracer dans la terre ferme qu'après s'être nui mutuellement.

4. — La seconde méthode est la plus communément adoptée. Les trous ont 35 centimètres en tous sens ; les lignes régulièrement tracées au cordeau doivent être espacées de 1 m. 60 au moins, et les ceps de 1 m. seulement.

5. — La plantation de la vigne se fait en boutures

ou crossettes et en plants enracinés ou *barbus*. Les barbus assurent la réussite uniforme et font gagner un an. Quelques viticulteurs emploient des crossettes stratifiées. Ils placent, à cet effet, de petits fagots de sarments au fond d'un sillon et ils les recouvrent d'une couche de terre meuble de 25 centimètres d'épaisseur. Les sarments ainsi étouffés réussissent presque toujours et permettent de faire la plantation au mois de juin.

6. — Lorsqu'on emploie des crossettes, il est bon de laisser un centimètre de vieux bois et d'enlever modérément sur une longueur de 10 centimètres la première écorce de la partie du sarment qui doit être enfouie dans le sol, afin de faciliter la formation des radicules.

7. — Un vignoble doit être divisé en carreaux contenant au plus mille souches chacun. On doit faire autant de carreaux qu'il y a de cépages différents.

8. — Après la plantation, il faut chausser les sarments. Deux sarclages sont ensuite nécessaires : le premier doit être fait en juin et le second à la fin du mois d'août.

Questionnaire : — *1. Quelle préparation doit subir un terrain qu'on veut planter en vigne ? 2. A quelle époque se fait la plantation et combien distingue-t-on de procédés ? 3. Quel est l'inconvénient des fossés ? 4. A quelle distance faut-il placer les lignes, les ceps ? Quels avantages présentent les plants enracinés ? 6. Quelles précautions faut-il prendre si l'on emploie des crossettes ? 7. Comment doit-on diviser le vignoble ? 8. Parlez des soins qu'exige la vigne après la plantation.*

48me Leçon.

Taille de la vigne.

Provignage. Epamprage. Pincement. Oïdium.

1. La taille de la vigne se fait de novembre à fin mars. Quelques viticulteurs assurent que la taille précoce augmente la production du vin en évitant la déperdition de la sève.

2. — Le nombre et la longueur des coursons varient suivant la vigueur du cep. On laisse généralement sur chaque souche deux coursons à trois bourgeons chacun. Quelques plants exigent une flèche ou sarment dit *courrégeade* de 60 à 80 centimètres de long que l'on recourbe en arc de cercle, et que l'on attache à la souche. Sans cette précaution, certains cépages produiraient moitié moins.

3. — On a recours au provignage (1) ou marcottage pour remplacer dans un vignoble les souches qui manquent. On couche dans ce but, au fond d'une fosse, un sarment vigoureux que l'on recouvre ensuite de terre pour lui faire reprendre racine. Dès que les radicules se sont développées, on le sépare de la souche.

4. — L'épamprage se fait en mai et consiste à débarrasser les souches de tous les pampres inutiles, mal placés ou sans fruit qui vivraient au détriment des raisins et des rameaux destinés à la taille suivante.

(1) Les œnologues condamnent généralement le marcottage.

5. — Le pincement, ou taille d'été, doit se faire vers le 20 juin, époque de la floraison. Il contribue à grossir les raisins en évitant la coulure et facilite la maturation en diminuant l'ombre.

6. — La vigne est exposée à une désolante maladie connue sous le nom d'*oïdium tuckéri*. Le seul remède qu'on puisse lui opposer est la fleur de soufre répandue sur les fruits attaqués, à deux reprises différentes, pendant les fortes chaleurs, à l'aide d'une houppe ou d'un soufflet.

Questionnaire : — *1. A quelle époque se fait la taille de la vigne ? — 2. Combien doit-on laisser de coursons sur chaque souche ? Qu'entendez-vous par courrégeade ? — 3. Définissez le provignage. — 4. l'épamprage. — 5. le pincement ou taille en vert. — 6. Quel remède peut-on opposer aux ravages de l'oïdium ?*

49me LEÇON.

Travaux. Amendements. Vendanges. Pressoirs. Égrappage.

1. La vigne réclame des soins ; il faut la déchausser à la charrue en mars, en avril ou en mai ; la bêcher, c'est-à-dire travailler avec le rateau ou la houe la bande de terre, dite *cavaillon*, laissée entre les souches ; la rechausser après l'épamprage, c'est-à-dire en mai ou en juin.

2. On ne doit, dans aucun cas, travailler la vigne lorsque le terrain est très-humide.

3. Il est bon de transporter, au pied des souches, la

terre des allées ; non seulement on augmente ainsi la couche de terre végétale, mais encore on assainit le sol. On doit enfin mettre au pied des ceps déchaussés, ou peu vigoureux, des composts, de la colombine, de la poudrette, du guano, ou tout autre engrais.

4. Pour obtenir du bon vin, il ne faut ramasser le raisin que lorsqu'il est suffisamment mûr. (I) Il faut donc vendanger tout d'abord la partie la plus hâtive du vignoble et laisser pour la fin la cueillette du sans-pareil par exemple.

5. — Les tombereaux à vendange remplacent avantageusement les comportes; ils épargnent des frais de chargement, de déchargement et de tonnellerie. Les comportes et les tombereaux servent à transporter la vendange dans les pressoirs.

6. — L'usage du pressoir se généralise de jour en jour. Cet appareil se compose : 1° d'une surface plane en maçonnerie bétonnée ; 2° d'une fouloire qui broie la vendange ; 3° d'un bassin construit dans le pressoir et destiné à recueillir le vin des cuves et des foudres qui viendraient à éclater (II); 4° d'une pompe qui élève le vin et le conduit dans les cuves et les foudres; 5° d'une ou plusieurs vis munies de plateaux en chêne qui permettent de presser la vendange foulée et d'en extraire le vin.

7. — Les viticulteurs ne sont pas d'accord sur les

(I) Dans nos contrées on a la fâcheuse habitude de vendanger beaucoup trop tôt.

(II) Il serait bon de bétonner le tinal sous les vaisseaux vinaires et d'y ménager une gondoie qui ramènerait dans le bassin le vin qui s'échappe accidentellement des fûts.

avantages et les inconvénients de l'égrappage. Nous le croyons utile pour des vins durs, très-alcooliques et de longue durée, et nuisible pour les vins légers, très moëlleux et de faible durée.

Questionnaire : — *1. Quels soins réclame la vigne ? — 2. Doit-on la travailler lorsque la terre est humide ? — 3. Que doit-on faire de la terre des allées ? Quels soins exigent les ceps déchaussés ou peu vigoureux ? — 4. A quelle époque faut-il vendanger ? — 5. Parlez des tombereaux à vendange. — 6. Du pressoir. Nommez les parties dont il se compose. — 7. Dans quel cas l'égrappage est-il avantageux ?*

50e LEÇON.

Cuves. Foudres. Futailles.

1. — Les cuves et les foudres doivent être en cœur de chêne, cerclés de bois boulonné ou bardés de fer. Les vaisseaux destinés au vin blanc doivent être clos ; ceux dans lesquels on met la vendange rouge peuvent rester ouverts.

2. — La lie que déposent les vins et le tartre qui s'attache aux parois des cuves et des foudres paient près de 5 0/0 par an de la valeur des fûts.

3. — On ne saurait avoir trop de soins des vaisseaux vinaires ; on doit surtout les préserver de la moisissure. Dès que les vins blancs des cuves et autres fûts ont été expédiés ou distillés, il faut immédiatement enlever les lies qui, toutes fraîches encore, s'écoulent aisément. Avant d'entrer dans une cuve, il faut s'assurer qu'une lumière peut y brûler dedans : si la

bougie s'éteint, il est prudent d'attendre.

4. — Lorsque la lie a été enlevée, il faut balayer la cuve, la laver avec le dernier vin qui en est sorti, la rebalayer deux jours après et déposer au fond quelques mottes de chaux vive qu'on répand huit jours plus tard avec un balai, sur toutes les parties humides.

5. — Les foudres exigent des précautions plus minutieuses encore. S'ils viennent à se moisir, ils altèrent pendant plusieurs années les vins qu'ils reçoivent, au point de les rendre invendables et presque impotables. Il est donc de la plus grande nécessité de les bien nettoyer dès qu'ils sont vides ; on les laisse ouverts un ou deux jours, on les balaie de nouveau, on les éponge ensuite avec de l'eau-de-vie, et avant de les refermer on fait brûler dedans une ou deux allumettes de soufre. Après les dégels, les bons viticulteurs les visitent encore, et au moindre signe de moisissure ils les balaient avec un balai très-rude et saupoudrent les parois de chaux vive.

6. — Les vis des pressoirs doivent être abondamment lubrifiées avec de l'huile d'olive avant de s'en servir et pendant les vendanges. On obtient ainsi une plus grande pression tout en rendant plus facile la tache des hommes.

7. — Après les vendanges on nettoie les vis et on les enduit de suif pour les préserver de la rouille.

Questionnaire : — *1. Parlez des vaisseaux vinaires. — 2. Doit-on ramasser la lie et le tartre des futailles ? — 3. 4. 5. Quels soins exigent les vaisseaux vinaires ? Qu'y a-t-il à faire après avoir enlevé la lie ? — 6. 7. Quels soins exigent les vis du pressoir avant et après les vendanges ?*

51e LEÇON.

—

Vinification. Conservation des vins.

—

1. — La plupart de nos vignerons jettent la vendange dans la cuve au fur et à mesure qu'ils la ramassent. Quelquefois même ils attendent deux et trois jours avant de la fouler. Cette méthode est vicieuse et dangereuse à la fois (1). Lorsqu'on ne ne peut ramasser, en un jour, assez de raisins pour remplir un vaisseau, il faut renvoyer le foulage au lendemain.

2. — Pour éviter le soulèvement d'une partie de la vendange qui, sans cesse en contact avec l'air, passe fortement à l'acide et le communique au vin, il faut, à l'aide d'un couvercle mobile, forcer ce chapeau à plonger constamment dans le liquide. On obtient d'ailleurs par ce moyen un vin plus coloré, qualité si recherchée par le commerce.

3. — La durée du décuvage dépend essentiellement de la qualité de la vendange et du degré de coloration que l'on veut obtenir. Si les raisins sont parvenus à un état de maturité complète et si on les cueille par un temps sec et chaud, la fermentation commence quelques heures après le foulage. Dans le cas contraire, elle se produit beaucoup plus tard et le décuvage doit être alors retardé.

4. — Lorsque le vin a été mis en futailles, il faut

(1) Elle est dangereuse parce que l'acide carbonique produit par la fermentation vineuse peut causer l'asphyxie des personnes qui entrent ensuite dans la cuve pour fouler la vendange.

ouiller au moins une fois par semaine pendant le mois qui suit le décuvage ; puis tous les quinze jours jusqu'à ce que les barriques soient placées *sur bonde*.

5.— Pour débarrasser le vin des matières qu'il tient en dissolution, on a recours au *collage* et au *fouettage*. On emploie à cet effet des blancs d'œufs (6 ou 8 par barrique) battus avec la coque jusqu'à l'état de neige. On verse le tout dans la futaille et l'on agite le liquide avec un fouet de tonnelier. Le vin fouetté doit être soutiré dix ou quinze jours après, soit dans un autre fût bien propre et droit de goût, soit dans des bouteilles.

6. — Le vin est sujet à plusieurs maladies ; les plus connues sont la *graisse*, le *goût de fût* et l'*acide*.

7. — Pour prévenir la *graisse*, on conseille l'emploi du tanin à raison de 40 grammes par barrique de 225 litres. On combat le *goût de fût* en agitant le liquide dans lequel on a préalablement versé 120 grammes d'huile d'olive par 100 litres de vin. On doit soutirer huit jours après. Enfin on peut, lorsque l'*acidité* n'a pas atteint une grande intensité, rendre au vin son alcool en introduisant du sucre dans la futaille. Cette opération ne doit se faire qu'après un soutirage.

Questionnaire : — *1. Doit-on jeter la vendange dans la cuve à mesure qu'on la ramasse ? — 2. Est-il avantageux de faire plonger toute la vendange dans le vin ? — 3. De quelles causes dépend la durée du décuvage ? — 4. Quels soins exige le vin lorsqu'il est en futailles ? — 5. Comment peut-on le clarifier ? — 6. Indiquez quelques-unes des maladies auxquelles le vin est exposé. — 7. Quels remèdes peut-on leur opposer ?*

52me LEÇON.

Du prunier, du chêne-liége et du pin.

1. — La culture du prunier (I) a une grande importance dans notre département. Le produit des pruneaux d'Agen livrés annuellement au commerce est évalué de 6 à 7,000,000 de fr.

2. — La variété cultivée est connue sous le nom de prunier d'ente ou prunier robe de sergent. On le greffe sur prunier mirobolan ou on le plante franc de pied. On le taille en gobelet.

3. — Lorsque les pruneaux sont mûrs, on les fait confire soit en les exposant sur *des clisses* à l'action du soleil d'abord et ensuite à la chaleur d'un four dont la température varie de 35 à 100°, soit à la chaleur d'une étuve dont la température augmente à mesure qu'on se rapproche du foyer. La cuisson terminée, on procède au triage des prunes dont les plus belles prennent le nom de *rame* de *choix* ou *impériale*.

4. — Le chêne-liége (II) croit spontanément en France dans 3 ou 4 départements et notamment dans l'arrondissement de Nérac, où il est connu sous le nom de surrier.

5. — Il fleurit en mai et donne des fruits appelés glands 18 mois après la floraison. Sa croissance est

---

(I) C'est surtout dans les communes de Clairac, Castelmoron, Monclar, Ste-Livrade, Villeneuve-sur-Lot, etc., que le prunier d'ente est cultivé.

(II) C'est à M. de Lalyman, président du Comice agricole, que nous devons tous les détails concernant la culture du chêne-liége.

fort lente ; ce n'est guère qu'à l'âge de 40 ou 50 ans qu'il donne du liége ayant l'épaisseur et la qualité convenables.

6. — La récolte du liége se fait à l'époque de la sève d'août par des ouvriers appelés *tireurs de liége* qui sont familiarisés avec cette opération toujours délicate.

7.— Le chêne-liége est exposé à toutes les maladies qui attaquent les autres arbres : la carie, les chancres, les gouttières abrégent souvent sa durée.

8. — Les chenilles lui causent depuis quelques années de graves dommages ; elles mangent ses feuilles, et la sève cesse alors d'affluer vers l'écorce, qui pour acquérir l'épaisseur voulue met beaucoup plus de temps que lorsqu'elle se développe dans des conditions normales (I).

On ne connaît pas de remède efficace contre les chenilles qui exercent leurs ravages sur le chêne-liége dont la durée ne dépasse guère 200 ans. Il se reproduit par semis.

9. — Le liége sert principalement à fabriquer des bouchons (II). On en fait également des engins de pêche, des semelles, des bouées de sauvetage, des écritoires, etc.

10. — Le chêne-liége se trouve associé au pin maritime ou pin résinier auquel il a été, pendant ces der-

(I) Dans les conditions convenables il lui faut 10 ou 12 ans pour se renouveler.

(II) Le liége de l'arrondissement ne suffit pas, tant s'en faut, pour alimenter les fabriques de bouchons de Mézin, Barbaste, Nérac, etc.

En 1830 presque tous les chênes-liége de nos contrées furent atteints par la gelée.

nières années, quelque peu sacrifié, à cause du prix élevé des résines.

Questionnaire : — *1. Parlez de la culture du prunier. — Quelle est la variété cultivée dans le département ? — 3. Comment fait-on confire les pruneaux ? Qu'entend-on par rame de choix ou impériale ? — 4. Le chêne-liége croît-il dans tous les départements français ? Quel nom porte-t-il dans l'arrondissement de Nérac ? — 5. A quelle époque fleurit-il ? Quand donne-t-il ses fruits ? A quel âge porte-t-il du liége convenable ? — 6. Comment détache-t-on le liége de la tige ? — 7. Quelles sont les maladies du chêne-liége ? — 8. Parlez des chenilles. — 9. Que fait-on avec le liége ? Parlez du pin maritime.*

Économie rurale.

Une observation importante et qui doit terminer ce Traité, c'est que le cultivateur, quelle que soit sa position, a le plus grand intérêt à tenir ses comptes en règle. Il se trouve ainsi au courant de l'état de ses affaires, du succès ou de l'insuccès de ses opérations ; il sait celles qu'il doit continuer et celles auxquelles il doit renoncer. Il peut pénétrer à sa volonté dans les moindres détails et juger vraiment en connaissance de cause les procédés employés par les résultats qu'ils produisent.

Tout agriculteur doit donc inscrire sur un registre les recettes et les dépenses, indiquer l'origine des unes et des autres et consigner enfin toutes les observations que lui suggèrent ses travaux.

FIN.

TABLE DES MATIÈRES.

VIe PARTIE. — *Arboriculture.*

CHAPITRE XV.

CHAPITRE XVI. — ARBRES A PRODUITS INDUSTRIELS.

www.ingramcontent.com/pod-product-compliance
Ingram Content Group UK Ltd.
Pitfield, Milton Keynes, MK11 3LW, UK
UKHW020321180726
13839UKWH00002B/517

9 782329 463391